MÉMOIRES

DE LA

SOCIÉTÉ ENTOMOLOGIQUE

DE

BELGIQUE

VI

Ch. KERREMANS

BUPRESTIDES DU BRÉSIL

G. C. CHAMPION

A LIST OF THE ÆGIALITIDÆ AND CISTELIDÆ

supplementary to the « Munich » Catalogue

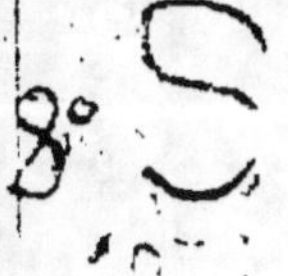 

BRUXELLES

AU SIÈGE DE LA SOCIÉTÉ

20, rue du Musée, 20

1897

ANNALES

DE LA

SOCIÉTÉ ENTOMOLOGIQUE

DE BELGIQUE

DÉPOSÉ AUX TERMES DE LA LOI

Bruxelles. — Imp. écon., N. Vandersypen, rue de Trèves, 38.

MÉMOIRES

DE LA

SOCIÉTÉ ENTOMOLOGIQUE

DE

BELGIQUE

—∞✕∞—

VI

Ch. KERREMANS

BUPRESTIDES DU BRÉSIL

G. C. CHAMPION

A LIST OF THE ÆGIALITIDÆ AND CISTELIDÆ

supplementary to the « Munich » Catalogue

BRUXELLES
AU SIÈGE DE LA SOCIÉTÉ
20, rue du Musée, 20

—

1897

VOYAGES DE M. E. GOUNELLE AU BRÉSIL

BUPRESTIDES

PAR

CH. KERREMANS

La faune coléoptérologique du Brésil est loin d'être connue et n'a, jusqu'ici, donné lieu qu'à des études partielles et restreintes. Le présent mémoire n'est qu'un complément aux ouvrages de Klug (1), de Blanchard (2), de Lucas (3), de Redtenbacher (4) et de Castelnau et Gory (5). En ajoutant à ces travaux les descriptions isolées de MM. Edw. Saunders et James Thomson, on arrivera à un total d'environ cinq cent soixante-quinze espèces brésiliennes décrites à ce jour et que notre étude porte au nombre de huit cents.

La partie fondamentale de celle-ci comprend la liste des Buprestides recueillis par M. E. Gounelle pendant ses voyages au Brésil en 1884, 1885, 1888 et 1895. Il a particulièrement exploré les provinces de Para, Pernambuco, Bahia et Minas Geraez, et il a ainsi considérablement augmenté la somme de nos connaissances entomologiques sur des territoires encore peu connus, en pleine région tropicale.

Le lot de Buprestides qu'il a bien voulu me confier est des plus importants; il est surtout précieux en ce qu'il nous permet de remplacer l'indication vague de « Brésil » par des citations de localités exactes pour la plupart des espèces anciennement connues et qui seront comme autant de jalons pour l'étude future de la répartition des espèces de la faune qui nous occupe.

A l'examen des récoltes de M. E. Gounelle j'ai cru pouvoir adjoindre d'abord celui d'une série d'espèces provenant de Jatahy, dans la province de Goyaz, qui m'a été adressée par l'explorateur

(1) *Entomologica Brasiliana specimen alterum*, 1827.
(2) *Voyage de d'Orbigny en Amérique du Sud*, 1846.
(3) *Voyage de Castelnau en Amérique du Sud*, 1858.
(4) *Novara Reise*, 1867.
(5) *Monographie des Buprestides*, 1835-1842.

naturaliste M. Ch. Pujol, et ensuite celui des espèces du Brésil et de quelques contrées voisines de l'Amérique méridionale encore inédites dans ma collection.

Je remercie M. E. Gounelle ainsi que M. Ch. Pujol de m'avoir donné l'occasion d'étendre mes connaissances sur l'étude d'une faune des plus intéressantes et un peu négligée depuis que l'attention a été attirée vers la Malaisie d'abord, par les voyages de M. Wallace et vers l'Afrique ensuite, par les récentes découvertes géographiques.

Le champ des recherches est encore très vaste et nous devons regretter de n'avoir que peu d'explorateurs entendus aux récoltes entomologiques, comme le sont actuellement MM. E. Gounelle, Alluaud, Revoil et Ch. Pujol.

Bruxelles, juillet 1896-mars 1897.

CHRYSESTHES GYMNOPLEURA Pert., *Del. An. Ins.* (1830), p. 18, pl. 4, fig. 8.

Bahia : S. Antonio da Barra (1) (E. Gounelle); Goyaz : Jatahy (Ch. Pujol).

HALECIA SULCICOLLIS Dalm., *Anal. Ent.* (1823), p. 54.

Rio : Tijuca (E. Gounelle).

Halecia viridis nov. sp. — *D'un vert clair, brillant et métallique; les côtes élytrales, les tibias et les tarses cuivreux.* — Long., 27; larg., 8,5 mill.

Tête à ponctuation égale avec quelques reliefs vermiculés et lisses; front aplani. Pronotum plus large que haut, plus étroit en avant qu'en arrière, sillonné longitudinalement au milieu, déprimé de part et d'autre sur les côtés à la base, couvert d'une ponctuation assez épaisse, dense et irrégulièrement espacée, avec quelques reliefs vermiculés; la marge antérieure bisinuée avec le lobe médian avancé et subanguleux; les côtés obliques en avant, arrondis au delà du milieu avec l'angle postérieur obtus; la marge latérale lisse, relevée en bourrelet dans sa partie médiane; la base bisinuée. Écusson petit, trapézoïdal. Élytres de la largeur du pronotum à la base, présentant de part et d'autre, y compris la suture et la marge latérale, six côtes élevées dont les intervalles forment un réseau anastomosé, très irrégulier, de reliefs entremêlés de points enfoncés; les côtés presque droits jusqu'au delà de la moitié, brusquement atténués et dentelés à partir du tiers supérieur jusqu'au sommet, qui présente un très petit vide anguleux sutural. Dessous à

(1) Pendant l'impression de ce mémoire le Gouvernement brésilien a changé le nom de cette localité en celui de CONDEUBA.

ponctuation très dense et très épaisse sur le sternum, plus fine et plus espacée sur le restant du corps; prosternum lisse à son sommet et sillonné latéralement; pattes finement ponctuées; tibias villeux.

Brésil.

Espèce très voisine de *Hal. blanda* Fab., mais un peu plus étroite et plus parallèle que celle-ci; la coloration différente, les côtes élytrales entières, non interrompues, la ponctuation abdominale moins dense et la coloration différente.

Halecia Gounellei nov. sp. — *Oblong, légèrement élargi au tiers supérieur, atténué à l'extrémité, d'un bronzé verdâtre obscur et brillant en dessus avec des reflets pourprés sur la tête et le pronotum; dessous d'un pourpré violacé brillant.* — Long., 22; larg., 7 mill.

Tête finement et régulièrement ponctuée; front légèrement déprimé au milieu; les articles dentés des antennes verts. Pronotum presque aussi haut que large, plus étroit en avant qu'en arrière; la marge antérieure bisinuée avec le lobe médian avancé; les côtés obliques en avant, arrondis au milieu, avec l'angle inférieur obtus; la base faiblement bisinuée avec le lobe médian largement arrondi; il est couvert d'une ponctuation égale et régulièrement espacée et présente un sillon médian longitudinal limité en arrière, au-dessus de l'écusson, par une fossette arrondie. Écusson punctiforme. Élytres de la largeur du pronotum à la base, légèrement sinueux sur les côtés à hauteur des hanches postérieures, élargis au tiers supérieur, ensuite atténués et dentelés sur les côtés jusqu'au sommet; ils présentent des séries longitudinales de stries inégalement ponctuées, dont les intervalles forment des côtes peu accusées, à ponctuation irrégulière et très fine. Dessous et pattes très finement ponctués; prosternum uni, presque lisse.

Bahia : S. Antonio da Barra (E. Gounelle).

Voisin de *Hal. sexfoveata* Chevr., mais avec le pronotum relativement moins allongé et ses côtés plus dilatés; les stries des élytres moins accusées et leurs fovéoles nulles, remplacées par une cicatrice irrégulière, postmédiane, à peine accusée.

Halecia bahiana nov. sp. — *D'un vert obscur en dessus, les élytres légèrement violacés, surtout vers la suture et vers la marge latérale; dessous d'un noir verdâtre mat.* — Long., 21; larg., 6 mill.

Tête sillonnée dans toute sa longueur, à ponctuation inégale, assez dense. Pronotum plus large que haut et plus étroit en avant qu'en arrière, finement et irrégulièrement ponctué, la ponctuation plus dense sur les côtés que sur le disque; celui-ci profondément sillonné longitudinalement au milieu, le sillon terminé en arrière par une petite fossette préscutellaire; les côtés profondément impressionnés au milieu, contre la marge latérale et légèrement déprimés de part et d'autre, à la base, près de l'angle postérieur ; la marge antérieure bisinuée avec le lobe médian avancé et subaigu ; la marge latérale formant, au milieu, un bourrelet lisse légèrement relevé en gouttière, très oblique en avant, arrondie et élargie au milieu, sinueuse ensuite, avec l'angle postérieur très petit, légèrement saillant en dehors et aigu. Écusson très petit, transversal, suboblong et déprimé longitudinalement au milieu. Élytres de la largeur du pronotum et déprimés de part et d'autre à la base en deçà du calus huméral, couverts de séries longitudinales de points interrompues par des espaces irréguliers, subtransversaux, plus accentués sur les côtés que vers la suture, à fond finement ponctué et granuleux, et formant des fossettes dont deux seulement sont nettement indiquées, l'une médiane et l'autre vers le tiers supérieur ; les séries longitudinales de points séparées par des espaces élevés, subcostiformes et lisses ; les côtés presque droits jusqu'au tiers supérieur, brusquement et obliquement atténués ensuite en ligne droite et assez fortement dentés jusqu'au sommet, où se remarque un très petit vide anguleux sutural limitant une forte dent terminale. Dessous finement granuleux ; prosternum lisse, large, sans sillons latéraux ; pattes presque lisses.

Bahia.

Assez voisin de *Hal. sexfoveata* Chev., mais moins robuste, plus étroit, moins dilaté au tiers supérieur ; le front plus creusé et plus nettement sillonné, le pronotum plus dilaté vers le milieu, plus creusé sur les côtés, plus finement ponctué ; les espaces entre les stries plus nets, plus élevés et plus interrompus ; les fossettes ou dépressions plus accentuées.

Halecia impressipennis Luc., *Voy. Casteln.* (1858), p. 54.

Minaz Geraez : Caraça (E. Gounelle).

Halecia cuprina nov. sp. — *Tête et pronotum violacés, le pourtour des yeux, la marge antérieure et le sillon médian du pronotum cuivreux et brillants ; élytres verts à reflets violacés, les espaces intercostaux verts, les côtes violettes ; dessous d'un cuivreux pourpré très brillant, les tibias et les tarses verts. — Long., 21 ; larg., 6,5 mill.*

Tête granuleuse et ponctuée ; sillon frontal large et profond, ne se prolongeant pas sur le vertex. Pronotum un peu plus large que haut, plus étroit en avant qu'en arrière, couvert d'une ponctuation égale, régulièrement espacée, plus dense en avant qu'en arrière, présentant un large sillon médian et de part et d'autre une dépression prélatérale et basilaire se prolongeant en un sillon linéaire atteignant à peine le milieu ; la marge antérieure bisinuée avec le lobe médian arqué ; les côtés obliques en avant, arrondis vers le milieu, avec la marge latérale légèrement relevée en gouttière et droite ensuite jusqu'à la base avec l'angle postérieur droit. Écusson punctiforme, déprimé au milieu. Élytres de la largeur du pronotum à la base, couverts de côtes dont les intervalles sont finement et irrégulièrement ponctués, offrant, sur les côtés, à partir de la moitié postérieure, deux vagues cicatrices transversales à fond granuleux ; les côtés presque droits jusqu'au tiers supérieur, brusquement atténués ensuite et dentelés jusqu'au sommet. Dessous finement granuleux en arrière et ponctué en avant ; prosternum uni, sillonné de part et d'autre sur les côtés ; pattes finement ponctuées.

Brésil (par R. Oberthur).

Voisin de *Hal. maculicollis* Saund., mais un peu plus robuste et plus élargi ; le sillon frontal plus large, le pronotum moins dilaté et plus allongé, les côtes élytrales plus saillantes.

Halecia auropunctata nov. sp. — *D'un vert obscur et brillant en dessus, les angles postérieurs du pronotum et sa marge latérale postérieure cuivreux ; les élytres ornés de part et d'autre de quatre fossettes à fond vert doré, la première au milieu du disque, vers le tiers antérieur ; la deuxième, médiane, formée de deux petites fossettes gemellées et un peu obliques ; les deux suivantes vers le tiers supérieur, l'extérieure un peu plus haut que l'intérieure. Dessous vert doré très brillant ; tibias et tarses d'un vert brillant légèrement bleuâtre. —* Long., 22 ; larg., 7 mill.

Tête finement ponctuée ; front légèrement déprimé ; vertex sillonné. Pronotum un peu plus large que haut et plus étroit en avant qu'en arrière, longitudinalement sillonné au milieu, le sillon peu prononcé et terminé par une fossette préscutellaire ; la marge antérieure bisinuée avec le lobe médian peu avancé et arqué ; les côtés obliques en avant, arrondis en deçà du milieu, sinués ensuite avec l'angle postérieur un peu saillant en dehors et subaigu, la marge latérale un peu relevée en gouttière vers le milieu ; sa base à peine bisinuée avec, de part et d'autre, une fossette prélatérale correspondant à une dépression élytrale. Écusson trapézoïdal. Élytres de la largeur du pronotum à la base, avec des séries longitudinales de points dont les intervalles sont légèrement costiformes et interrompus par les fossettes à fond cuivreux ou vert ; les côtés à peine sinueux à hauteur des hanches postérieures, légèrement élargis au tiers supérieur, ensuite dentelés et atténués en ligne droite jusqu'au sommet. Dessous à peine ponctué en arrière, assez grossièrement et inégalement ponctué en avant ; prosternum lisse ainsi que les fémurs.

Colombie (par Staudinger).

Psiloptera rubromarginata Chev., *Silb. Rev. Ent.*, t. 5 (1838), p. 64.

Goyaz : Jatahy (Ch. Pujol).

Psiloptera Nattereri Redtb., *Reis. Novar.*, t. 2 (1867), p. 84, pl. 3, fig. 8.

Goyaz : Jatahy (Ch. Pujol).

Psiloptera Reichei Cast. et Gory, *Monogr.*, t. 1 (1837); *Bupr.*, p. 25, pl. 6, fig. 25.

Para : Benevides (E. Gounelle).

Psiloptera argyrophora Perty, *Del. Anim.* (1830), p. 19, pl. 4, fig. 12.

Goyaz : Jatahy (Ch. Pujol).

Psiloptera assimilis Gory, *Monogr. supp.*, t. 4 (1840), p. 82, pl. 14, fig. 78.

Minas Geraez : Caraça (E. Gounelle); Goyaz : Jatahy (Ch. Pujol).

Psiloptera nigerrima nov. sp. — *Dessus d'un noir intense et très brillant avec, sur les élytres, des bandes longitudinales de fossettes villeuses et d'un blanc pur, plus grandes et plus nettes vers la marge latérale que vers la suture. Dessous d'un noir verdâtre, brillant; le mésosternum et la base du premier segment abdominal garnis d'une efflorescence fauve; une tache allongée, fauve, de chaque côté des segments abdominaux. — Long., 22; larg., 7,5 mill.*

Tête à ponctuation très inégale, irrégulièrement espacée; front déprimé, la dépression transversale, à fond granuleux, villeuse; les yeux bordés d'un sillon à fond villeux et granuleux, plus large en avant qu'en arrière et avec les bords déchiquetés. Pronotum plus large que haut et plus étroit en avant qu'en arrière, longitudinalement déprimé sur le disque, la dépression subtriangulaire, élargie à la base; couvert d'une ponctuation irrégulièrement espacée, très inégale, et plus dense sur les côtés que sur le disque; la marge antérieure bisinuée avec le lobe médian avancé et subanguleux; les côtés obliques en avant, droits et à peine sinueux en arrière; la base bisinuée avec le lobe médian largement arqué; la marge latérale lisse, au moins dans sa moitié inférieure, et surmontant une carène épisternale, l'espace compris entre celle-ci et la marge latérale formant un large sillon à fond granuleux. Écusson punctiforme. Élytres un peu plus larges que le pronotum et déprimés de part et d'autre sur les côtés à la base, couverts de séries longitudinales de points espacés, interrompues çà et là par des fossettes finement granuleuses dans leur fond, plus grandes, plus nombreuses et plus nettes sur les côtés que sur le disque; les côtés à peine sinueux jusqu'au tiers supérieur, atténués ensuite en ligne droite jusqu'au sommet qui est échancré de part et d'autre, l'échancrure limitée par deux dents. Dessous inégalement ponctué, chagriné çà et là ; pattes ponctuées.

Bahia.

Voisin de *Ps. vulnerata*, qui suit, mais moins robuste, plus élancé et plus acuminé en arrière, la coloration différente, les fossettes élytrales plus petites, plus nettes et plus arrondies.

PSILOPTERA CUPREOSPARSA Luc., *Voy. Casteln.* (1859), p. 56, pl. 3, fig. 2.

Goyaz : Jatahy (Ch. Pujol).

PSILOPTERA DEVILLEI Luc., *Voy. Casteln.* (1859), p. 58, pl. 3, fig. 5.

Bahia : S. Antonio da Barra (E. Gounelle) ; Goyaz : Jatahy (Ch. Pujol).

PSILOPTERA IMPRESSICOLLIS Luc., *Voy. Casteln.* (1859), p. 57, pl. 3, fig. 3.

Goyaz : Jatahy (Ch. Pujol).

PSILOPTERA OBSCURATA Saund., *Cat. Bupr.* (1871), p. 23 = ARGENTEOSPARSA Cast. et Gory, *Monogr.*, t. 1 (1836), p. 33, pl. 8, fig. 38.

Goyaz : Jatahy (Ch. Pujol).

PSILOPTERA ARGENTEOSPARSA Pert., *Del. Anim.* (1830), p. 18, pl. 4., fig. 10.

Bahia : S. Antonio da Barra (E. Gounelle) ; Goyaz : Jatahy (Ch. Pujol).

Psiloptera apiata nov. sp. — *Dessus vert avec les reliefs du pronotum et les côtes élytrales cuivreux et brillants, ces dernières formant des lignes interrompues par des espaces finement granuleux. Dessous vert à reflets cuivreux, surtout sur le prosternum ; les côtés du sternum et des segments abdominaux finement granuleux et cuivreux. — Long., 18 ; larg., 7 mill.*

Tête à ponctuation épaisse et irrégulière, dont les intervalles forment des reliefs lisses vermiculés, et plus dense en avant qu'en arrière ; front légèrement déprimé ; épistome étroit, échancré en arc. Pronotum plus large que haut, convexe, couvert d'une ponctuation assez épaisse, irrégulière, dont les intervalles forment des reliefs lisses, irréguliers, plus accentués sur le disque que sur les côtés ; le milieu faiblement déprimé à la base ; la marge antérieure ciliée de blanc et bisinuée avec le lobe médian subanguleux : les côtés obliques en avant et droits à partir du tiers postérieur ; la base à peine sinueuse. Écusson très petit, circulaire, punctiforme, déprimé au milieu. Élytres convexes, de la largeur du pronotum à la base, couverts de séries longitudinales de points dont les intervalles, costiformes, sont interrompus par des cicatrices très irrégulières à fond finement pointillé, ces cicatrices plus nombreuses et formant çà et là des rameaux transversaux sur les côtés ; ceux-ci droits jusqu'au tiers supérieur, atténués ensuite suivant une courbe régulière jusqu'au sommet qui est tronqué de part et d'autre et faiblement bidenté, la dent suturale plus accentuée que l'externe. Dessous chagriné avec les côtés finement granuleux ; prosternum lisse, sillonné de part et d'autre sur les côtés ; pattes ponctuées.

Goyaz : Jatahy (Ch. Pujol).

Espèce assez voisine de *Ps. margaritacea* Thoms., mais avec les reliefs du pronotum plus accentués et les côtes élytrales mieux marquées et plus fréquemment interrompues par les cicatrices ponctuées. Elle est également voisine de *Ps. seriata* Mann., mais plus trapue, moins acuminée au sommet et moins élancée.

Psiloptera frontalis nov. sp. — *D'un vert sombre en dessus, le pronotum à légers reflets pourprés et obscurs, les élytres avec çà et là quelques cicatrices transversales à fond verdâtre, plus claires que le restant de l'élytre et plus accentuées sur les côtés que vers la suture. Dessous vert obscur, un peu plus clair sur le sternum que sur l'abdomen, les côtés du sternum et ceux des segments abdominaux couverts d'une villosité fauve.* — Long., 21 ; larg., 7,5 mill.

Tête inégalement ponctuée et couverte de reliefs vermiculés longitudinaux ; épistome étroit, échancré en arc ; front légèrement déprimé. Pronotum un peu plus large que haut, couvert d'une ponctuation très espacée sur le disque, inégale et dense sur les côtés ; le disque largement et peu profondément impressionné en triangle allongé de la base au sommet ; la marge antérieure ciliée de blanc et bisinuée avec le lobe médian avancé et arqué ; les côtés obliques jusqu'au quart postérieur, droits ensuite avec l'angle postérieur légèrement saillant en dehors et aigu ; la base faiblement bisinuée avec le lobe médian large, à peine arqué. Écusson très petit, punctiforme, subtransversal. Élytres de la largeur du pronotum à la base, couverts de séries longitudinales et régulières de points dont les intervalles forment des côtes à peine accusées en avant et très sensibles au sommet, surtout vers la suture ; la moitié extérieure irrégulièrement ridée, les rides transversales, formant un réseau anastomosé et très peu accusé ; le calus huméral assez prononcé ; les côtés à peine sinueux à hauteur des hanches postérieures, atténués ensuite suivant un arc peu prononcé jusqu'au sommet ; celui-ci bidenté de part et d'autre. Dessous chagriné et inégalement ponctué au milieu, finement granuleux sur les côtés ; prosternum lisse, sillonné de part et d'autre sur les côtés ; pattes ponctuées.

Bahia : S. Antonio da Barra (E. Gounelle) ; Pernambuco : Serra da Bernada (Duhaut).

Voisin de *Ps. apiata* qui précède, quant au *facies*, mais très distinct de celui-ci en raison des caractères précités.

Psiloptera Gounellei nov. sp. — *Allongé, atténué à l'extrémité, entièrement vert, plus brillant et plus clair en dessous qu'en dessus; suture, extrémité des élytres et tarses bleuâtres.* — Long., 25; larg., 8,5 mill.

Tête inégalement ponctuée, les parties lisses formant des espaces vermiculés, longitudinaux et anastomosés. Pronotum presque aussi haut que large; la marge antérieure à peine sinueuse; les côtés obliques avec l'angle postérieur droit, la base à peine bisinuée; il présente une ponctuation inégale, assez grossière, dont les intervalles forment des espaces lisses et irréguliers; à la base, au-dessus de l'écusson, se remarque une faible dépression dont le fond est formé par deux points enfoncés. Écusson punctiforme. Élytres un peu plus larges que le pronotum à la base, arrondis à l'épaule, sinueux sur les côtés à hauteur des hanches postérieures, très légèrement élargis au tiers supérieur, ensuite atténués jusqu'au sommet où ils sont bidentés de part et d'autre; ils présentent des séries longitudinales et régulières de points dont les intervalles sont çà et là finement pointillés. Dessous et pattes grossièrement ponctués, sauf sur les côtés dont la coloration est brunâtre et granuleuse dans le fond; marge antérieure du prosternum droite; prosternum plan, sillonné sur les côtés.

Bahia : S. Antonio da Barra (E. Gounelle).

Assez voisin de *Ps. Solieri* Luc., mais plus brillant en dessus, les stries élytrales non interrompues par des espaces lisses; les côtés du pronotum plus droits, l'extrémité des élytres moins acuminée.

Psiloptera bahiana nov. sp. — *Naviculaire, atténué à l'extrémité, tête verdâtre, pronotum d'un cuivreux éclatant ou vert sombre et brillant, élytres d'un bronzé terne. Dessous verdâtre et ponctué au milieu, cuivreux sombre et granuleux sur les côtés; pattes bleuâtres ou bronzées.* — Long., 26; larg., 8,5 mill.

Tête chagrinée, à reliefs vermiculés, lisses, irréguliers et longitudinaux. Pronotum plus large que haut, plus étroit en avant qu'en arrière, déprimé vers la base au-dessus de l'écusson, couvert d'une ponctuation épaisse, irrégulièrement espacée et plus dense sur les côtés que sur le disque; la marge antérieure ciliée et bisinuée avec le lobe médian arqué; les côtés obliques en avant jusqu'au tiers postérieur, droits ensuite avec l'angle postérieur presque droit; la base sinueuse. Écusson très petit et transversal. Élytres de la largeur du pronotum à la base, couverts de séries longitudinales de points plus régulières sur le disque que sur les côtés, où elles disparaissent au point de former un réseau anastomosé de reliefs irréguliers ; les côtés presque droits jusqu'au tiers supérieur, ensuite obliquement atténués jusqu'au sommet qui est bidenté de part et d'autre. Dessous grossièrement et inégalement ponctué au milieu de l'abdomen, du sternum et finement granuleux sur les côtés ; pattes grossièrement ponctuées.

Bahia.

Cette espèce est voisine de *Ps. punctatostriata* Cast. et Gory, quant au *facies*, mais elle en est toute différente comme structure élytrale d'abord, ensuite quant à l'aspect général du dessous.

PSILOPTERA PURPUREOMICANS Kerr., *Ann. Soc. Ent. Belg.*, t. 37 (1893), p. 506.

Bahia : S. Antonio da Barra ; Pernambuco : Serra de Communaty (E. Gounelle) ; Goyaz : Jatahy (Ch. Pujol).

PSILOPTERA ABBREVIATA Luc., *Voy. Castelnau* (1859), p. 59.

Goyaz : Jatahy (Ch. Pujol).

PSILOPTERA ORBIGNYI Luc., *Voy. Castelnau* (1859), p. 59, pl. 3, fig. 6.

Goyaz : Jatahy (Ch. Pujol).

PSILOPTERA PIGRA Cast. et Gory, *Monogr.*, t. 1 (1836), p. 30, pl. 7, fig. 33.

Goyaz : Jatahy (Ch. Pujol).

Psiloptera cincta nov. sp. — *D'un bronzé obscur légèrement verdâtre en dessus, les élytres ornés d'un sillon latéral à fond finement granuleux, situé à une certaine distance du bord extérieur et moins sinueux que celui-ci. Dessous d'un bronzé plus clair et plus brillant que le dessus ; tarses d'un beau bleu d'acier, très légèrement verdâtres.* — Long., 27 ; larg., 9 mill.

Tête granuleuse ; bord supérieur des cavités antennaires formant une carène sinueuse ; vertex uni, inégalement ponctué. Pronotum plus large que haut et plus étroit en avant qu'en arrière, couvert d'une ponctuation inégalement et largement espacée, un peu plus épaisse et plus dense sur les côtés que sur le disque ; la marge antérieure ciliée de blanc, bisinuée, avec le lobe médian avancé et arqué ; les côtés arqués en avant et droits en arrière, avec l'angle postérieur abaissé, légèrement saillant en dehors et aigu ; la base bisinuée avec le lobe médian largement arqué. Écusson très petit, punctiforme. Élytres de la largeur du pronotum et déprimés de part et d'autre sur les côtés à la base, couverts de séries longitudinales et régulières de points avec, de part et d'autre, une large bande marginale granuleuse, partant du sinus épipleural pour aboutir, en ligne droite, au sommet ; les côtés droits jusqu'au delà du milieu, atténués ensuite suivant un arc régulier jusqu'au sommet qui est obliquement tronqué et à peine denté. Dessous à ponctuation épaisse, irrégulièrement espacée et très inégale.

Équateur : Loja (Abbé Gaujon, par R. Oberthur).

Cette espèce, qui a plutôt l'aspect d'un *Ectinogonia*, ne ressemble à aucune autre espèce américaine du genre *Psiloptera*.

PSILOPTERA ROSEOCARINATA Thoms., *Typ. Bupr.* (1878), p. 30.

Para : Benevides (E. Gounelle).

Psiloptera vulnerata nov. sp. — *D'un vert obscur et brillant en dessus, les côtés du pronotum rougeâtres; les élytres bordés extérieurement d'un large sillon à fond granuleux et rougeâtre, ce sillon longeant, intérieurement, une série de fossettes irrégulières, subquadrangulaires, à fond également granuleux et rougeâtre. Dessous à fond finement granuleux et rougeâtre avec des espaces irréguliers d'un noir verdâtre, grossièrement et irrégulièrement ponctués, ces espaces plus accentués sur le milieu du sternum et sur l'abdomen que sur les côtés où les parties granuleuses dominent et forment, sur les segments abdominaux, quatre vagues bandes longitudinales et villeuses. Long., 23; larg., 8 mill.*

Tête déprimée en avant, sur le front, la dépression finement granuleuse et villeuse; vertex lisse avec quelques gros points irrégulièrement espacés. Pronotum assez convexe, déprimé sur le disque au-dessus de l'écusson et de part et d'autre sur les côtés, plus large que haut et plus étroit en avant qu'en arrière, couvert d'une ponctuation inégale, irrégulièrement espacée sur le disque, très dense sur les côtés; la marge antérieure ciliée et bisinuée avec le lobe médian avancé et arqué; les côtés obliques en avant, arrondis vers le milieu et sinués ensuite, avec l'angle postérieur un peu saillant et aigu; la marge latérale lisse; la base bisinuée avec le lobe médian avancé et arqué. Écusson très petit, déprimé. Élytres de la largeur du pronotum à la base, presque droits sur les côtés, à peine sinueux à hauteur des hanches postérieures, atténués ensuite suivant une courbe régulière jusqu'au sommet; celui-ci bidenté. Pattes grossièrement et inégalement ponctuées.

Bahia : S. Antonio da Barra (E. Gounelle).

Voisin de *Ps. corynthia* Fairm., mais surtout différent de celui-ci quant à la structure élytrale.

Psiloptera cicatricosa nov. sp. — *D'un bronzé noirâtre en dessus, avec le fond de la ponctuation thoracique et les espaces intercostaux ainsi que les fossettes élytrales d'un cuivreux carminé; dessous cuivreux violacé, antennes et pattes vertes.* — Long., 23; larg., 8,5 mill.

Tête couverte de reliefs vermiculés longitudinaux et garnie d'une villosité grisâtre. Pronotum plus large que haut, couvert de reliefs irréguliers, dont les intervalles sont grossièrement et inégalement ponctués avec çà et là des espaces à fond finement pointillé, notamment un vague sillon oblique qui part de l'angle supérieur pour aboutir, de part et d'autre, sur les côtés du disque ; la marge antérieure densément ciliée de gris blanchâtre et fortement bisinuée avec le lobe médian subanguleux ; les côtés très rugueux, obliques en avant, élargis au tiers postérieur, infléchis ensuite jusqu'à la base ; celle-ci bisinuée avec le lobe médian avancé et arqué. Élytres de la largeur du pronotum à la base, très convexes, présentant un large sillon marginal externe à fond finement granuleux et, de part et d'autre, quatre côtes longitudinales irrégulières, interrompues par places, et séparées par des sillons à fond finement granuleux et tomenteux interrompus par des reliefs lisses et irréguliers ; les côtés à peine sinueux à hauteur des hanches postérieures, atténués à partir du tiers supérieur, suivant un arc peu prononcé, jusqu'au sommet ; celui-ci inerme. Dessous chagriné, inégalement et grossièrement ponctué au milieu, finement granuleux sur les côtés ; prosternum lisse et sillonné de part et d'autre ; segments abdominaux avec, de part et d'autre, sur les côtés, une série de plaques lisses, irrégulières, limitées de chaque côté par une ligne tomenteuse, d'un gris jaunâtre ; pattes ponctuées.

Brésil (par Fairmaire).

Buprestis transversepicta nov. sp. — *Très grand, convexe en dessus, plan en dessous, entièrement noir ; bord intérieur et antérieur des yeux et épistome d'un jaune fauve ; bord antérieur du pronotum de même nuance sur les côtés ; les élytres ornés de mouchetures et de taches plus ou moins allongées, d'un jaune fauve, formant trois bandes transversales parallèles et interrompues, et, de part et d'autre, deux taches allongées longitudinales vers le tiers antérieur ; les quatre derniers segments abdominaux ornés d'une tache médiane et transversale et de petites taches triangulaires et latérales. — Long., 25 ; larg., 9,5 mill.*

Tête à ponctuation irrégulière avec quelques reliefs vermiculés longitudinaux ; épistome faiblement échancré en arc. Pronotum trapézoïdal, plus large que haut, plan sur le disque, légèrement déclive sur les côtés, à ponctuation inégale, peu dense et irrégulière au milieu, très épaisse et plus dense sur les côtés, présentant de part et d'autre un large sillon longitudinal à une certaine distance du bord extérieur, limité intérieurement par un relief large, lisse et longitudinal ; le disque présentant quatre vagues fossettes, dont les deux inférieures sont plus nettes et mieux accentuées que les supérieures, et un très court sillon basilaire médian ; la marge antérieure bisinuée avec le lobe médian largement arqué ; les côtés obliques en avant jusqu'au quart inférieur, ensuite arrondis et droits enfin vers la base, avec l'angle postérieur obtus ; la base bisinuée avec le lobe médian subanguleux. Écusson petit, punctiforme. Élytres convexes en avant et déclives en arrière, de la largeur du pronotum à la base, avec de part et d'autre quatre côtes élevées, lisses et ornées de taches jaunes plus ou moins allongées et disposées, sauf deux taches allongées basilaires, en séries transversales et au nombre de trois ; la marge latérale et la suture formant également une côte, mais plus étroite que les précédentes ; la suture élargie vers le tiers antérieur autour de l'écusson ; les deux côtes dorsales entières ; la troisième partant du calus huméral pour aboutir un peu au delà de la moitié ; la quatrième longeant la marge et également entière ; les espaces intercostaux larges, chagrinés et légèrement relevés en côtes ; les côtés sinueux à hauteur des hanches postérieures, ensuite atténués en arc jusqu'au sommet qui est tronqué ; la troncature large, sinueuse et limitée par deux dents, l'une apicale et l'autre latérale. Dessous grossièrement et irrégulièrement ponctué, sauf sur le prosternum et sur la région médiane du métasternum ; segments abdominaux impressionnés de part et d'autre et couverts d'une villosité grisâtre sur les côtés ; pattes ponctuées.

Amazones (Dr Jaeger).

Cette curieuse espèce, dont les caractères se rapportent au genre auquel je la rattache, présente tout le *facies* de certains *Paracupta* du groupe *sulcata* Saund.

Cinyra sulcifera Cast. et Gory, *Monogr.*, t. 1 (1837) ; *Bupr.*, p. 158, pl. 39, fig. 217.

Para : Marco da Legua (E. Gounelle).

Melanophila Oberthuri nov. sp. — *Vert métallique obscur à reflets violacés en dessus ; front vert clair ; dessous vert obscur.* — Long., 14 ; larg., 5 mill.

Tête plane, couverte d'une ponctuation régulière et très dense ; épistome échancré en arc, ses extrémités avancées suivant un angle très aigu. Pronotum transversal, plus large que haut, peu convexe, couvert d'une ponctuation semblable à celle de la tête, et présentant de part et d'autre, vers les côtés inférieurs, une dépression arrondie ; la marge antérieure à peine bisinuée ; les côtés arqués ; la base subtronquée. Écusson très petit, subcordiforme. Élytres de la largeur du pronotum à la base, obliquement tronqués et arrondis à l'épaule, droits sur les côtés jusqu'au tiers supérieur, ensuite obliquement atténués en ligne droite jusqu'au sommet qui est subtronqué ; ils sont dentelés sur les côtés du milieu jusqu'à l'extrémité, présentent une fine ponctuation sur toute leur surface, qui est également à peine chagrinée, et offrent de part et d'autre deux vagues sillons obliques, l'un au-dessus, l'autre au-dessous du calus huméral et terminés tous deux par une très vague fossette, la première, médiane, au tiers antérieur et la seconde, sublatérale, vers le tiers supérieur. Dessous plus rugueux que le dessus, finement granuleux ; pattes finement ponctuées.

Amazones : Teffe (M. de Mathan, par R. Oberthür).

Voisin de *M. guianensis* Chevr., mais plus robuste, plus allongé; les côtés du pronotum plus arrondis, la coloration plus sombre, les sillons élytraux mieux accentués et leurs fossettes moins nettes.

Melanophila bahiana nov. sp. — *Bronzé verdâtre obscur et brillant en dessus; élytres avec de part et d'autre une petite fossette discale et une fossette préapicale plus grande, à fond cuivreux, situées la première au milieu, vers le tiers antérieur, et la seconde plus près du bord antérieur que de la suture, vers le tiers supérieur. Dessous bronzé, brillant, légèrement cuivreux.* — Long., 9,5; larg., 3,5 mill.

Tête plane, subconvexe, couverte d'une ponctuation régulière et très dense; épistome échancré en arc. Pronotum plus large que haut, à ponctuation latérale semblable à celle de la tête; le disque couvert de très petites rides transversales; la marge antérieure faiblement bisinuée; les côtés arqués; la base subsinueuse; il présente, de part et d'autre, à la base, un court sillon longitudinal. Élytres de la largeur du pronotum à la base, arrondis à l'épaule, droits sur les côtés jusqu'au tiers postérieur, atténués ensuite en ligne droite jusqu'au sommet et dentelés de là sur les côtés jusqu'au tiers antérieur; le sommet séparément arrondi; ils présentent une ponctuation très fine, dense et régulièrement espacée, et le fond des fossettes est très finement granuleux. Dessous granuleux en avant, finement et régulièrement ponctué en arrière.

Bahia : Cachimbo (Ch. Pujol, par R. Oberthür).

Plus étroit que *M. guianensis* Chevr., les fossettes élytrales plus nettes et mieux colorées, il est également distinct de *M. chrysolomma* Mann., dont le système de coloration est très différent.

Melanophila Gounellei nov. sp. — *D'un vert obscur en dessus, les élytres ornés de part et d'autre de quatre dépressions peu profondes, d'un cuivreux rosé terne, situées : deux le long de la base, très vagues; la troisième vers le tiers antérieur, à égale distance de la suture et de la marge latérale; la quatrième vers le tiers supérieur, plus près de la marge latérale que de la suture. Dessous bronzé cuivreux obscur; fémurs rosés.* — Long., 7,5; larg., 2,5 mill.

Tête plane, à ponctuation régulière, dense et très fine. Pronotum plus large que haut, déprimé de part et d'autre vers les côtés à la base, couvert de petites rides transversales excessivement serrées et plus épaisses vers les côtés que sur le disque; la marge antérieure bisinuée avec le lobe médian avancé et arrondi; les côtés régulièrement arqués; la base subsinueuse. Élytres de la largeur du pronotum à la base, élargis et arrondis à l'épaule, droits sur les côtés jusqu'au tiers antérieur, ensuite atténués en ligne droite jusqu'au sommet qui est séparément arrondi et dentelé de là jusque vers le milieu des côtés ; ils sont finement et très régulièrement chagrinés et le fond des fossettes est très finement granuleux. Dessous granuleux ; pattes ponctuées.

Bahia : S. Antonio da Barra (E. Gounelle).

Melanophila rubrocincta nov. sp. — *D'un vert brillant et obscur en dessus, les élytres largement bordés de rouge carminé, cette nuance se confondant insensiblement avec la couleur foncière. Dessous d'un bronzé noirâtre.* — Long., 8 ; larg., 3 mill.

Tête finement et régulièrement ponctuée ; vertex longitudinalement caréné, la carène lisse et peu saillante. Pronotum plus large que haut, couvert d'une ponctuation semblable à celle de la tête, à peine déprimé de part et d'autre vers les côtés à la base ; la marge antérieure bisinuée ; les côtés obliques en avant jusqu'au tiers postérieur, ensuite atténués en ligne droite avec l'angle postérieur obtus ; la base faiblement bisinuée. Élytres de la largeur du pronotum à la base, arrondis et élargis à l'épaule avec le calus huméral assez saillant, finement chagrinés à la base, régulièrement et finement ponctués ensuite au milieu, granuleux sur les côtés ; ils présentent de part et d'autre deux fossettes basilaires et deux impressions dorsales, ces dernières séparées l'une de l'autre par un sillon latéral oblique, le tout vague et très peu accentué ; les côtés sont dentelés du tiers antérieur au sommet et celui-ci est séparément arrondi. Dessous granuleux, chagriné et finement ponctué.

Goyaz : Jatahy (Ch. Pujol).

Tetragonoschema purpurascens nov. sp. — *Subrectangulaire, écourté, d'un noir pourpré avec le front et les côtés antérieurs du pronotum d'un violacé obscur.* — Long., 3 ; larg., 1,7 mill.

Tête finement granuleuse, les granulations formées par des séries de points aréolés ; front légèrement déprimé. Pronotum légèrement convexe, plus large que haut, couvert d'un réseau de petites rides formant des aréoles régulières ; la marge antérieure bisinuée avec le lobe médian avancé et subanguleux, les côtés dilatés au milieu, très obliques en avant et en arrière, l'angle postérieur obtus ; la base très faiblement bisinuée. Écusson subtriangulaire, arrondi au sommet. Élytres écourtés, de la largeur du pronotum à la base, presque droits sur les côtés et séparément arrondis au sommet ; ils sont finement granuleux et très bossués par suite de dépressions irrégulières dont deux de part et d'autre à la base, une médiane et transversale commune aux deux élytres, et deux apicales situées de part et d'autre, l'une au sommet et la seconde sur les côtés postérieurs. Dessous et pattes très finement granuleux et ponctués.

Pernambuco : Serra de Commuuaty (E. Gounelle).

Anilara brasiliensis nov. sp. — *Entièrement d'un noir*

verdâtre mat, avec une tache lancéolée sombre, commune aux deux élytres, située sur leur moitié postérieure et visible seulement sous un certain jour. — Long., 3,7 ; larg., 1,2 mill.

Tête finement granuleuse, garnie de poils blanchâtres couchés et assez courts sur le postépistome. Pronotum plus large que haut, très finement granuleux, la granulation plus fine que celle de la tête, déprimé de part et d'autre sur la partie inférieure du disque, la dépression peu profonde et arrondie, située dans le prolongement de la bissectrice de l'angle inférieur et à égale distance de la base et de la marge latérale ; la marge antérieure fortement bisinuée avec le lobe médian avancé et arqué ; les côtés très arqués en avant et sinueux en arrière avec l'angle postérieur très petit et légèrement saillant en dehors ; la base tronquée. Élytres de la largeur du pronotum à la base et sillonnés le long de celle-ci, le sillon interrompu par l'écusson, couverts d'une granulation excessivement fine, semblable à celle du pronotum ; le calus huméral assez saillant limitant intérieurement une dépression allongée séparée d'une seconde dépression par une vague côte élevée droite, subparallèle à la suture et atteignant à peine le tiers antérieur ; droits sur les côtés jusqu'au quart supérieur, ensuite séparément arrondis, laissant le pygidium à découvert. Dessus plus brillant que le dessous, finement granuleux.

Bahia : S. Antonio da Barra (E. Gounelle).

Ce genre n'était jusqu'ici représenté par une espèce africaine et huit australiennes ; son habitat s'étend donc actuellement sur trois régions.

ANTHAXIA AGRILIFORMIS Thoms., *Typ. Bupr., App. 1ᵃ* (1879), p. 28.

Goyaz : Jatahy (Ch. Pujol).

Anthaxia angusta nov. sp. — *Étroit, allongé ; atténué au sommet ; tête d'un vert doré brillant, vertex sombre ; pronotum vert doré avec deux larges bandes violacées et longitudinales ; élytres violacés avec la base, la suture et la marge humérale d'un beau vert doré. Dessous vert doré.* — Long., 5,5 ; larg., 1,4 mill.

Tête à ponctuation épaisse, très dense et très régulièrement espacée ; front déprimé. Pronotum peu convexe, presque aussi large que haut, les côtés et le milieu, c'est-à-dire les parties vertes finement granuleuses, les deux bandes violettes presque lisses ; la marge antérieure bisinuée avec le lobe médian avancé et arqué ; les côtés régulièrement arqués avec l'angle inférieur très petit et légèrement saillant en dehors ; la base faiblement bisinuée. Écusson très petit, elliptique et transversal. Élytres de la largeur du pronotum et sillonnés le long de la base, élargis et arrondis à l'épaule, sinueux sur les côtés à hauteur des hanches postérieures, légèrement élargis au tiers supérieur, atténués ensuite en ligne droite jusqu'au sommet; celui-ci séparément arrondi; ils présentent la même granulation que celle de la tête. Dessous finement granuleux; pattes un peu plus lisses que le dessous.

Goyaz : Jatahy (Ch. Pujol).

Anthaxia opima nov. sp. — *Étroit, allongé, atténué au sommet; tête d'un bleu verdâtre très brillant; pronotum bleu avec la marge latérale d'un vert doré; élytres d'un vert obscur passant insensiblement ou rouge feu à leur région antérieure, la base dorée, surtout autour de l'écusson. Dessous noir; pattes et sternum verdâtres. —* Long., 5,5 ; larg., 1,3 mill.

Tête finement granuleuse, les granulations consistant en une ponctuation excessivement dense, fine et peu profonde; front à peine déprimé; épistome très légèrement relevé. Pronotum un peu plus haut que large, couvert d'une fine granulation formée de points ocellés et de petites rides sinueuses et transversales; la marge antérieure bisinuée avec le lobe médian avancé et subaigu; les côtés presque droits jusque vers la base, ensuite légèrement cintrés avec l'angle postérieur très petit, saillant en dehors et aigu; la base à peine bisinuée. Écusson subcordiforme. Élytres un peu plus larges que le pronotum et sillonnés le long de la base, couverts d'une granulation excessivement fine, saillants à l'épaule à cause du calus huméral, sinueux sur les côtés à hauteur des hanches postérieures, légèrement élargis au tiers supérieur, atténués ensuite en ligne droite jusqu'au sommet qui est séparément arrondi; ils laissent à découvert, sur les côtés, une très minime portion de la région dorsale des segments abdominaux. Dessous très finement granuleux, les granulations simulant des petites écailles à peine apparentes.

Goyaz : Jatahy (Ch. Pujol).

Anthaxia modesta nov. sp. — *Étroit, allongé, atténué au sommet; tête verte, vertex bleuâtre; pronotum bleu avec les côtés inférieurs violacés; élytres d'un bronzé terne. Dessous bronzé; fémurs violacés. —* Long., 4,5; larg., 1 mill.

Tête finement granuleuse, la granulation formant des séries de points très denses, très égaux entre eux; front déprimé longitudinalement. Pronotum transversal, subquadrangulaire, couvert d'une granulation semblable à celle de la tête, mais moins accentuée que celle-ci; le disque un peu plus élevé que les côtés, qui sont faiblement déprimés à la base; la marge antérieure bisinuée avec le lobe médian avancé et arqué; les côtés presque droits, très légèrement cintrés vers la base; celle-ci bisinuée. Écusson petit, subcirculaire. Élytres finement granuleux, de la largeur du pronotum et sillonnés

le long de la base, brusquement rétrécis à hauteur des hanches
postérieures, de façon à laisser à découvert une notable portion de
la région dorsale des segments abdominaux, atténués jusqu'au
sommet, où ils sont séparément arrondis et finement dentelés.
Granulation du dessous un peu plus forte que celle du dessus; pattes
à peine granuleuses.

Goyaz : Jatahy (Ch. Pujol).

Le brusque rétrécissement des élytres à partir du tiers antérieur
est le caractère le plus distinctif de cette espèce.

Anthaxia agriloides nov. sp. — *Étroit, allongé, atténué à
l'extrémité, entièrement noir bleuâtre sauf les côtés extérieurs du
pronotum et des élytres, une ligne médiane sur le premier, la suture
et les côtés des segments abdominaux qui sont d'un beau vert émeraude.*
— Long., 4,5; larg., 1,3 mill.

Front aplani, finement granuleux, les granulations simulant des
très petites écailles; tête assez forte. Pronotum un peu plus large
que haut, légèrement convexe en avant, largement et peu profondément déprimé de part et d'autre en arrière, finement granuleux; la
marge antérieure fortement bisinuée avec le lobe médian avancé
et arqué; les côtés arqués en avant et sinueux en arrière avec l'angle
inférieur avancé et subaigu; la base bisinuée avec le lobe médian
largement et faiblement arqué. Écusson petit, arqué au sommet,
tronqué à la base. Élytres allongés, peu convexes, déclives au
sommet, de la largeur du pronotum à la base, et sillonnés transversalement de part et d'autre le long de celle-ci; le calus huméral
saillant; les côtés légèrement sinueux à hauteur des hanches
postérieures, très peu élargis au tiers supérieur, ensuite atténués
presque en ligne droite jusqu'au sommet qui est séparément arrondi;
ils sont finement granuleux, la granulation simulant des écailles
excessivement ténues. Dessous à granulation un peu plus rugueuse
que celle du dessus; pattes pointillées.

Rio : Tijuca (E. Gounelle).

Anthaxia plagiata nov. sp. — *Allongé, atténué en arrière,
d'un bleu obscur avec la tête et le pronotum noirs et une large bande
oblique prémédiane dorée, interrompue à la suture.* — Long., 5;
larg., 1,5 mill.

Front aplani, très finement granuleux, les granulations formant
un réseau réticulé excessivement dense et régulier. Pronotum
presque aussi haut que large, présentant une granulation semblable
à celle de la tête; la marge antérieure fortement bisinuée avec le
lobe médian avancé et subanguleux; les côtés régulièrement arqués;
la base bisinuée avec le lobe médian largement arqué, l'angle
inférieur obtus. Écusson petit, subcordiforme. Élytres allongés, très

finement granuleux, de la largeur du pronotum à la base, où ils présentent de part et d'autre un large sillon transversal, sinueux sur les côtés à hauteur des hanches postérieures, légèrement élargis au tiers supérieur, atténués ensuite suivant un arc régulier jusqu'au sommet qui est séparément arrondi et très finement dentelé; ils présentent de part et d'autre trois vagues côtes longitudinales et discales, mieux accusées au sommet que sur la tache prémédiane dorée. Dessous granuleux.

Pernambuco : Serra de Communaty (E. Gounelle).

Anthaxia meridionalis nov. sp. — *Subparallèle, atténué à l'extrémité, tête et pronotum d'un vert doré très obscur, ce dernier avec des taches discales bleues, allongées; élytres d'un vert doré obscur. Sternum vert sombre; abdomen noir.* — Long., 4,7; larg., 1 mill.

Tête forte, finement granuleuse, les granulations formant des points réguliers et très denses; front vaguement sillonné longitudinalement. Pronotum un peu plus haut que large, un peu plus granuleux sur les côtés que sur le disque, les granulations rappelant celles de la tête, mais moins accentuées; les côtés déprimés de part et d'autre vers la base; la marge antérieure bisinuée avec le lobe médian avancé et subaigu; la marge latérale arquée; la base faiblement bisinuée. Écusson tronqué à la base et arrondi au sommet. Élytres de la largeur du pronotum et sillonnés le long de la base, finement granuleux et couverts de stries longitudinales; les interstries subcostiformes; le calus huméral saillant; les côtés sinueux à hauteur des hanches postérieures, légèrement élargis au tiers supérieur, ensuite atténués suivant une courbe peu prononcée jusqu'au sommet qui est séparément arrondi et finement dentelé; ils laissent à découvert, sur les côtés, une faible portion de la région dorsale des segments abdominaux. Dessous finement granuleux.

Pernambuco : Serra de Communaty (E. Gounelle).

Anthaxia æruginosa nov. sp. — *Allongé, très étroit, atténué à l'extrémité, d'un bronzé obscur en dessus; dessous noir.* — Long., 4,7; larg., 0,8 mill.

Tête finement granuleuse, à coloration un peu plus claire et plus dorée que la partie supérieure du corps, surtout vers l'épistome; front aplani. Pronotum un peu plus haut que large, un peu plus étroit en arrière qu'en avant, très finement et très régulièrement granuleux, légèrement bombé en avant avec une profonde fossette de part et d'autre, sur les côtés, vers le tiers inférieur; la marge antérieure fortement bisinuée avec le lobe médian avancé et anguleux; les côtés arqués en avant et sinueux en arrière avec l'angle inférieur presque droit; la base bisinuée avec le lobe médian largement et peu sensiblement arqué. Écusson très petit, subcirculaire.

Élytres allongés, laissant à découvert, sur les côtés, une portion de la région supérieure des segments abdominaux, de la largeur du pronotum à la base avec le calus huméral saillant; les côtés sinueux à hauteur des hanches postérieures, légèrement élargis au tiers supérieur, atténués ensuite en ligne droite jusqu'au sommet qui est finement dentelé et séparément arrondi; ils sont très finement granuleux et présentent un profond sillon transversal le long de la base. Dessous un peu plus rugueux que le dessus; pattes presque lisses, à peine ponctuées.

Bahia : S. Antonio da Barra (E. Gounelle).

Actenodes viridicollis nov. sp. (1). — *Très grand, aplani; tête et pronotum d'un beau vert métallique clair; élytres d'un noir verdâtre; antennes et tarses d'un superbe bleu d'acier. Dessous vert brillant, métallique, à reflets pourprés au milieu; les segments abdominaux bordés de bleu. — Long., 31; larg., 11 mill.*

Tête inégalement ponctuée; épistome large, avec un petit lobe médian anguleux; sillon frontal net, profond, n'atteignant ni l'épistome, ni le vertex et limité en avant et en arrière par une fossette allongée. Pronotum plus large que haut, avec de part et d'autre une dépression subtriangulaire limitée intérieurement par le disque qui est subconvexe et extérieurement par un bourrelet subanguleux que forme le bord et l'angle inférieur; il est couvert d'une fine ponctuation, irrégulièrement espacée, plus dense sur les côtés que sur le disque; la marge antérieure échancrée en arc; les côtés très obliques en avant, arrondis au milieu et droits en arrière avec l'angle postérieur petit, légèrement abaissé et subaigu; la base bisinuée avec le lobe médian large, un peu oblique sur ses côtés et tronqué au milieu, la troncature de la largeur de la base de l'écusson. Celui-ci petit, déprimé à la base, triangulaire, un peu plus long que large. Élytres couverts d'une fine granulation et, de part et d'autre, de cinq côtes linéaires rappelant l'allure de celles des *Ac. costipennis* Cast. et Gory et *chalybeitarsis* Chev.; les côtés inférieurs du pronotum formant avec ceux de la base et des épaules un vide anguleux; les épaules arrondies, les côtés dentelés de la base au sommet, légèrement cintrés à hauteur des hanches postérieures, atténués suivant une courbe régulière du tiers supérieur au sommet; celui-ci formant un petit vide anguleux sutural. Dessous brillant, finement et irrégulièrement ponctué avec les

____

(1) Quoique cette espèce, ainsi que quelques autres qui suivent, soient tout à fait en dehors de la faune sud-américaine, j'ai cru pouvoir les mentionner ici, de façon à réunir en un seul mémoire toutes les espèces intertropicales américaines que je crois nouvelles, les travaux d'ensemble étant, pour la facilité des recherches, de beaucoup préférables aux descriptions isolées.

épipleures prosternales mates; prosternum sillonné transversalement sous la marge antérieure, trilobé au sommet; extrémité du
dernier segment abdominal subsinueuse et armée de part et d'autre
de deux dents aiguës dont l'interne est plus longue que l'externe.

Mexique : Durango.

Belle et très grande espèce, voisine des *Act. costipennis* Cast. et
Gory, du Brésil, et *chalybeitarsis* Chevr., du Mexique; entièrement
différente de celles-ci par la coloration, plus grande qu'elles; s'écarte
de la première par l'absence d'un sillon sur le premier segment
abdominal et par le pronotum uni, sans sillon discal; s'écarte de la
seconde par la forme des angles inférieurs du pronotum, qui sont
abaissés.

ACTENODES FULGINEA Waterh., *Biol. Centr.-Amer.*, t. 3, pt. 1
(1882); p. 29, pl. 2, fig. 15.

Goyaz : Jatahy (Ch. Pujol).

ACTENODES FULMINATA Schönh., *Syn. Ins.* (1817), *App.*, p. 121.

Goyaz : Jatahy (Ch. Pujol).

Actenodes parvicollis (Chevr. mss.) nov. sp. — *Très étroit,
allongé, bronzé obscur en dessus, les élytres ornés de deux bandes
étroites, flexueuses et transversales et d'une tache allongée, longitudinale et préapicale cuivreuses. Dessous d'un noir brillant; tarses
bleus.* — Long., 14; larg., 4 mill.

Tête rugueuse en avant et finement ponctuée en arrière; front
sillonné dans toute sa longueur, le sillon élargi en arrière; vertex
rayé longitudinalement. Pronotum un peu plus large que haut,
couvert de rides transversales, plus accentuées sur les côtés que
sur le disque, déprimé de part et d'autre sur les côtés et au
milieu du disque, la dépression discale large et profonde, les
latérales allongées; la marge antérieure presque droite; les côtés
obliques avec l'angle postérieur petit, saillant en dehors et aigu;
la base fortement bisinuée avec le lobe médian arrondi. Écusson
très petit. Élytres finement chagrinés, arrondis à l'épaule, à peine
sinueux sur les côtés à hauteur des hanches postérieures, légèrement élargis au tiers supérieur, atténués ensuite en ligne droite et
acuminés au sommet avec un vide anguleux sutural; ils présentent
de part et d'autre une vague côte discale longeant la suture à une
certaine distance de celle-ci et sont ornés de deux bandes étroites et
flexueuses cuivreuses, la première allant en zigzag de l'épaule à la
suture vers le tiers antérieur; la deuxième vers le milieu, ayant la
même allure que la première, mais en sens contraire. Dessous
chagriné; les segments abdominaux impressionnés de part et
d'autre sur les côtés.

Brésil (Ott, par Chevrolat).

L'espèce la plus étroite du genre, avec le pronotum assez semblable à celui de *Act. insignis* Gory, mais les élytres entièrement différents.

Actenodes amazonica nov. sp. — *Écourté, élargi au tiers supérieur ; antennes bleues avec les trois premiers articles verts ; tête et pronotum d'un vert doré obscur ; élytres d'un noir brillant avec la troncature humérale, la région scutellaire et une bande formée de deux taches gemellées obliques d'un beau vert clair légèrement doré. Dessous d'un vert brillant plus obscur sur les côtés qu'au milieu ; tarses bleus.* — Long., 12 ; larg., 4,5 mill.

Tête à ponctuation assez forte, inégale et irrégulièrement espacée ; front sillonné dans toute sa longueur, le sillon terminé en arrière par une large fossette et limité en avant par deux dépressions allongées. Pronotum plus large que haut, couvert de rides parallèles, transversales et subsinueuses, présentant, sur le disque, deux sillons transversaux et parallèles dont l'inférieur est plus large et plus profond que le supérieur et forme, sur les côtés, de part et d'autre, une dépression irrégulière ; la marge antérieure faiblement échancrée en arc ; les côtés obliquement tronqués en avant et droits en arrière avec l'angle postérieur droit ; la base bisinuée avec le lobe médian large et arrondi. Écusson très petit, triangulaire et lisse. Élytres plus larges que le pronotum et déprimés de part et d'autre à la base, d'apparence lisse et couverts d'une ponctuation excessivement fine et très régulière, sauf sur les taches vertes qui sont granuleuses et grossièrement ponctuées ; arrondis à l'épaule, sinueux sur les côtés à hauteur des hanches postérieures, légèrement élargis au tiers supérieur et brusquement atténués ensuite en ligne droite jusqu'au sommet qui est acuminé de part et d'autre ; ils présentent, de part et d'autre, une côte longeant la marge latérale très voisine de celle-ci. Dessous granuleux et ponctué sur les côtés, presque lisse au milieu ; côtés des segments abdominaux avec une dépression subtriangulaire et longeant la marge latérale.

Amazones (Staudinger).

Espèce voisine de *Act. obscuripennis* Cast. et Gory, mais moins robuste, moins brillante et distincte de celle-ci par beaucoup de détails.

COLOBOGASTER QUADRIDENTATA Fab., *Ent. Syst.*, t. 1 (1794), p. 186.

Bahia : S. Antonio da Barra (E. Gounelle).

Colobogaster cupricollis nov. sp. — *Elliptique, grand, peu convexe ; tête verdâtre ; pronotum très brillant, verdâtre sur les côtés, cuivreux sur le disque ; élytres très brillants obscurs, bronzés à reflets verts. Dessous d'un vert glauque, brillant ; les segments abdominaux* *largement bordés de bleu d'acier; antennes vertes, tarses bleus.* — Long., 26; larg., 10,5 mill.

Tête irrégulièrement ponctuée; épistome rebordé et bilobé, surmonté d'un calus arrondi, déprimé au milieu; front surmonté d'une carène bilobée en avant et dont les bords se redressent en arrière de façon à dessiner vaguement un cœur dont le sommet serait absent; vertex sillonné. Pronotum assez convexe, plus large que haut, plus étroit en avant qu'en arrière, à ponctuation excessivement fine, très espacée sur le disque et dense sur les côtés, la marge antérieure à peine bisinuée; les côtés très obliques en avant et moins obliques en arrière; la base fortement bisinuée avec le lobe médian très avancé et tronqué; il présente un très vague sillon longitudinal médian et, sur les côtés, dans l'angle inférieur, une fossette oblongue, un peu oblique. Écusson très petit, en triangle curviligne. Élytres lisses, unis, à ponctuation excessivement fine et très espacée, visible seulement à la loupe, avec une fossette dans le lobe basilaire, un pli huméral et deux vagues plis longitudinaux de part et d'autre du tiers postérieur; le sommet séparément arrondi avec, de part et d'autre, une dent médiane. Dessous finement et régulièrement ponctué; le bord des segments abdominaux lisse; prosternum saillant en avant, élargi au sommet; extrémité du dernier segment abdominal largement échancrée en arc, l'échancrure limitée de part et d'autre par deux dents aiguës dont l'interne est plus forte et plus saillante que l'externe, celle-ci située plus haut que la précédente.

Chiriqui (Staudinger).

Facies et taille de *Colob. Jacquieri* Gory, de l'Amazone, mais le pronotum plus large, le dessus beaucoup moins ponctué; la saillie sternale plus accentuée; l'extrémité du dernier segment abdominal ♂ plus largement échancrée en arc.

Colobogaster biguttata nov. sp. — *Oblong, peu convexe; tête d'un pourpré violacé; pronotum vert à reflets pourprés; écusson cuivreux; élytres d'un noir violacé brillant avec, de part et d'autre, une tache d'un rouge feu dans la dépression de la base et une petite tache, de même coloration, un peu au delà du tiers antérieur. Dessous cuivreux, pourpré brillant et obscur; segments abdominaux obscurs, bordés latéralement de rouge feu ou doré; tarses bleus.* — Long., 22; larg., 8 mill.

Tête à ponctuation inégale, irrégulière, plus dense le long des yeux et sur l'épistome que vers le milieu, inégalement bossuée à cause de quatre vagues fossettes dont une frontale et prémédiane, surmontée d'une fossette postmédiane, la première accostée de deux fossettes obliques, surmontant les fossettes antennaires; vertex finement sillonné dans toute sa longueur. Pronotum plus large que haut et plus étroit en avant qu'en arrière, presque lisse et couvert d'une ponctuation à peine sensible; la marge antérieure tronquée; les côtés obliques en avant, cintrés au milieu et légèrement rentrants en arrière avec l'angle postérieur abaissé et aigu; la base fortement bisinuée avec le lobe médian très avancé sur l'écusson et échancré au sommet. Écusson petit, en triangle très allongé. Élytres un peu plus larges que le pronotum à la base, arrondis et saillants à l'épaule avec le calus huméral saillant et limité intérieurement par un sillon en forme de fossette; ils sont lisses, déprimés de part et d'autre, dans le lobe de la base, et présentent une ponctuation régulière, excessivement fine, à peine sensible; les côtes droits jusqu'au tiers supérieur, dentelés ensuite et atténués suivant une courbe régulière jusqu'au sommet, qui présente un vide anguleux sutural. Dessus finement et régulièrement ponctué; le prosternum presque lisse; l'extrémité du dernier segment abdominal échancrée en arc au milieu et tronquée sur les côtés, l'échancrure et les troncatures limitées par quatre dents.

Goyaz : Jatahy (Ch. Pujol).

Voisine de *Col. chlorosticta* Klug, mais différente quant à la coloration générale et à la disposition des fossettes frontales.

CHRYSOBOTHRIS CONSANGUINEA Cast. et Gory, *Monogr.*, t. 2 (1837); Colobog., p. 10, pl. 2, fig. 8.

Goyaz : Jatahy (Ch. Pujol).

CHRYSOBOTHRIS DECOLORATA Cast. et Gory, *Monogr.*, t. 2 (1837); Colobog., p. 11, pl. 2, fig. 10.

Goyaz : Jatahy (Ch. Pujol).

Chrysobothris rutilans nov. sp. — *Tête d'un cuivreux rougeâtre, couverte d'une villosité blanche, courte et très dense; pronotum d'un vert obscur, entièrement bordé de rouge feu; élytres d'un vert obscur avec une fossette basilaire, une tache allongée humérale, une petite tache latérale et posthumérale, une fossette discale, deux taches préapicales, la partie antérieure de la suture et le fond du sillon postérieur, longeant la suture, le tout d'un cuivreux éclatant. Dessous d'un pourpré cuivreux éclatant; l'apex, les bords des segments abdominaux et les tarses d'un bleu d'acier. — Long., 15; larg., 5,7 mill.*

Tête plane, finement chagrinée; carène frontale nulle. Pronotum plus large que haut, plus densément ponctué sur les côtés que sur le disque; la marge antérieure presque droite; les côtés tronqués en avant, presque droits et légèrement rentrants en arrière; la base fortement bisinuée avec le lobe médian très avancé et tronqué au sommet. Écusson très petit, triangulaire. Élytres arrondis à l'épaule, droits sur les côtés jusqu'au tiers supérieur, dentelés ensuite et atténués en ligne droite jusqu'au sommet; les dents fortes, assez espacées, et au nombre de onze à douze de part et d'autre; ils présentent, le long de la suture, qui est élevée, un sillon limité par celle-ci et une côte élevée et allant du sommet au tiers antérieur. Dessous finement et régulièrement ponctué; extrémité des segments abdominaux lisse; dernier segment abdominal avec trois carènes élevées; la médiane entière, les latérales plus courtes et formant de part et d'autre une dent aiguë limitant une échancrure arquée.

Goyaz : Jatahy (Ch. Pujol).

Voisin de *consanguinea* Cast. et Gory, mais la dentelure latérale des élytres plus accentuée et plus largement espacée, l'armature du dernier segment abdominal autrement disposée, la carène frontale absente.

Chrysobothris puncticollis nov. sp. — *Oblong, peu convexe, atténué à l'extrémité; tête et antennes d'un vert métallique clair et brillant; pronotum noir verdâtre avec les côtés inférieurs teintés de rouge feu; élytres d'un noir brillant, légèrement violacé avec, de part et d'autre, une fossette basilaire médiane, la suture antérieure et postérieure, une tache allongée humérale, une seconde fossette médiane et une troisième fossette située au tiers postérieur, plus près du bord que de la suture, le tout d'un vert clair, la coloration de la fossette postérieure s'étendant transversalement en dehors de celle-ci, vers la suture. Dessous vert brillant, un peu moins clair que le front; les côtés sombres; pattes obscures nuancées intérieurement de vert. — Long., 11; larg., 4 mill.*

Tête granuleuse et ponctuée; front légèrement déprimé; carène frontale peu saillante, lisse et déchiquetée en avant. Pronotum transversal, à ponctuation fine, irrégulière et plus accentuée sur les côtés que sur le disque; la marge antérieure faiblement bisinuée; les côtés tronqués obliquement en avant et en arrière, droits au milieu; la base bisinuée avec le lobe médian subanguleux; il présente une légère dépression transversale le long du bord antérieur et plus accentuée sur les côtés qu'au milieu et, des deux côtés, vers la base, une fossette arrondie. Élytres finement et régulièrement ponctués, peu convexes, plus larges que le pronotum et obliquement tronqués à l'épaule, dentelés sur les côtés à partir du milieu jusqu'au sommet, celui-ci formant un petit vide anguleux sutural et terminé par une forte dent présuturale, formant le prolongement d'une carène longeant la suture jusque vers le tiers antérieur. Dessous finement et densément ponctué; extrémité du dernier segment abdominal ♂ échancrée en arc et légèrement aplanie au milieu.

Vénézuéla (Staudinger).

Chrysobothris dilaticollis nov. sp. — *D'un bronzé obscur en dessus, les élytres ornés de trois fossettes à fond d'un bronzé clair et cuivreux situées, la première dans le lobe basilaire, la seconde au milieu du disque et la troisième vers le tiers supérieur, plus près de la marge latérale que de la suture. Dessous un peu plus brillant que le dessus, les côtés couverts, dans les dépressions, d'une efflorescence blanche; tarses bleus. — Long., 16; larg., 6,5 mill.*

Tête granuleuse, à ponctuation assez forte et irrégulière; front vaguement caréné longitudinalement, avec, de part et d'autre, une dépression peu accusée; carène frontale arquée, transversale, située vers la partie médiane du bord intérieur des yeux et surmontée d'une seconde carène, plus nette et plus tranchante que la première, séparant le front du vertex; ce dernier surmonté d'une fine carène longitudinale. Pronotum plus large que haut, couvert d'une ponctuation régulière et très dense, beaucoup plus large en avant qu'en arrière, avec, de part et d'autre, une fossette située pràs de la base, à égale distance du milieu et de la marge latérale; la marge antérieure presque droite; les côtés très obliques et tronqués en avant formant, vers le tiers antérieur, une saillie obtuse, presque droits après cette saillie avec l'angle postérieur abaissé et aigu; la base fortement bisinuée avec le lobe médian très avancé et tronqué. Écusson excessivement petit, en triangle allongé. Élytres plus larges que le pronotum à la base, couverts d'une ponctuation fine, plus dense sur les côtés que sur le disque; arrondis et saillants sur les côtés à l'épaule, à peine sinueux sur les côtés à hauteur des hanches postérieures; atténués ensuite en ligne droite et dentelés du tiers supérieur au sommet qui présente un très petit vide anguleux sutural limité de part et d'autre par une forte épine; ils sont ornés de part et d'autre de quatre fossettes à fond cuivreux et finement granuleux et présentent un sillon limité intérieurement par la suture et extérieurement par une carène allant du sommet au tiers antérieur; une autre carène, oblique, longe la marge latérale vers le tiers supérieur et limite extérieurement un vague sillon marginal. Dessous ponctué; extrémité du dernier segment abdominal terminé par deux petites échancrures arquées formées par trois lobes subanguleux.

Goyaz : Jatahy (Ch. Pujol).

Chrysobothris amazonica nov. sp. — *Tête d'un bronzé cuivreux obscur, couverte d'une efflorescence cotonneuse blanche; pronotum d'un vert obscur et brillant; élytres noirs, très brillants, avec la région basilaire humérale et une bande arquée médiane, interrompue à la suture, la région antérieure et postérieure de celle-ci, le tout d'un beau vert clair. Dessous vert brillant, plus clair en avant qu'en arrière; les côtés garnis d'une efflorescence blanche; les articles*

dentés des antennes rouge-feu ♂ *ou verts* ♀ ; *tarses d'un bleu d'acier.*
— Long., 11 ; larg., 4,5 mill.

Tête granuleuse et ponctuée ; épistome bilobé ; front surmonté
d'une double carène arquée, l'antérieure plus nette et moins arquée
que la postérieure ; vertex finement sillonné au milieu, ridé transversalement en arrière des yeux. Pronotum plus large que haut,
couvert d'une ponctuation régulière, plus dense sur les côtés que
sur le disque, avec, de part et d'autre, près de l'angle antérieur,
une vague dépression et, au-dessus de l'écusson, un sillon longitudinal peu prononcé ; la marge antérieure presque droite ; les côtés
droits avec l'angle antérieur tronqué et le postérieur très abaissé et
aigu ; la base fortement bisinuée avec le lobe médian très grand et
formant un triangle tronqué à son sommet. Écusson très petit,
triangulaire. Élytres presque lisses, à ponctuation excessivement
fine et régulière ; les taches vertes très granuleuses et chagrinées ;
deux fossettes de part et d'autre, à la base, l'une dans le lobe antérieur, l'autre dans l'angle huméral ; une troisième fossette, plus
vague, à l'extrémité interne de la bande verte ; les épaules arrondies ; les côtés presque droits jusque vers le milieu, ensuite dentelés
et brusquement atténués en ligne droite jusqu'au sommet qui est
acuminé de part et d'autre. Dessous finement ponctué ; prosternum
trilobé au sommet, les lobes latéraux arrondis, le médian aigu et
anguleux ; marge antérieure du prosternum tronquée ; extrémité
du dernier segment abdominal bidentée et tronquée ♀ ou échancée
en arc ♂.

Amazones : Itaïtuba (Staudinger).

Chrysobothris porracea nov. sp. — *Tête d'un vert obscur ;
vertex et pronotum d'un vert clair ; élytres d'un noir légèrement
violacé avec la fossette interne de la base, la troncature humérale, une
bande sinueuse posthumérale, une tache discale, située contre la suture
et un peu plus haut que la bande précitée, une bande sinueuse préapicale et une tache allongée contre le bord extrême, le tout d'un vert doré
brillant. Dessous brillant, vert obscur, garni, sur les côtés, d'une abondante efflorescence d'un blanc pur.* — Long., 10-13 ; larg., 3,5-5 mill.

Tête profondément déprimée en avant, la carène frontale saillante
et située en avant de la partie médiane des bords intérieurs des
yeux ; la dépression frontale couverte de petites rides irrégulières ;
le vertex irrégulièrement ponctué. Pronotum plus large que haut et
un peu plus large en avant qu'en arrière, couvert d'une ponctuation
fine, plus dense sur les côtés que sur le disque ; la marge antérieure
très faiblement échancrée en arc ; les côtés obliquement arqués en
avant, avec la partie inférieure de la troncature formant une saillie
extérieure obtuse, sinueux au milieu, obliquement rentrants ensuite

avec l'angle postérieur abaissé et obtus; la base fortement bisinuée avec le lobe médian très avancé et tronqué. Écusson très petit, en triangle allongé. Élytres un peu plus larges que le pronotum à la base, arrondis à l'épaule, couverts d'une ponctuation fine et régulièrement espacée, à peine sinueux à hauteur des hanches postérieures, faiblement élargis au tiers supérieur, atténués ensuite et dentelés jusqu'au sommet qui présente un très petit vide anguleux sutural; ils sont vaguement sillonnés de part et d'autre le long de la suture, ce sillon limité intérieurement par celle-ci et extérieurement par une carène subsinueuse, n'atteignant ni le sommet ni le tiers antérieur; un autre sillon, très vague, longe la marge latérale vers le tiers supérieur. Dessous ponctué, la ponctuation plus dense sur les côtés qu'au milieu; extrémité du dernier segment abdominal terminée par trois dents séparées l'une de l'autre par deux échancrures très arquées.

Brésil : (Stevens, par Chevrolat); Goyaz : Jatahy (Ch. Pujol).

Chrysobothris timida nov. sp. — *D'un vert obscur, un peu plus clair sur le pronotum que sur les élytres, ceux-ci ornés de fossettes et de taches d'un vert doré clair et situées : une fossette dans le lobe basilaire; une petite tache contre la troncature humérale; une bande interrompue, formée d'une petite tache latérale et de deux taches gémellées discales; une petite tache contre la suture et située un peu plus haut que la bande précitée; deux taches arrondies, au tiers postérieur, l'une contre la marge latérale et l'autre près de la suture. Dessous d'un vert très brillant; l'abdomen bleuâtre, les côtés garnis d'une efflorescence blanche. — Long., 10; larg., 4 mill.*

Front déprimé, la dépression garnie de petites rides circulaires et concentriques; carène frontale faiblement bisinuée avec une petite échancrure médiane et située au delà de la partie médiane du bord intérieur des yeux; vertex finement ponctué. Pronotum plus large que haut, couvert de petites rides transversales et sinueuses à peine accusées sur le disque, avec, de part et d'autre, une très petite fossette médiane, située beaucoup plus près du milieu que de la marge latérale; la marge antérieure droite; les côtés obliquement tronqués en avant, sinueux ensuite avec l'angle inférieur de la troncature saillant en dehors et l'angle postérieur obtus et abaissé; la base fortement bisinuée avec le lobe médian très avancé et tronqué. Élytres plus larges que le pronotum à la base, droits sur les côtés jusqu'au tiers supérieur, ensuite dentelés et atténués en ligne droite jusqu'au sommet qui présente une très petite dent apicale à côté d'une dent externe un peu plus longue; ils sont couverts d'une ponctuation excessivement fine et présentent, de part et d'autre, à la base, une dépression allongée humérale et une fossette médiane et, vers le sommet, un vague sillon longeant la suture jusque vers le milieu. Dessous ponctué; extrémité du dernier segment abdominal terminé par trois longues épines aiguës séparées par deux échancrures profondément arquées.

Goyaz : Jatahy (Ch. Pujol).

Chrysobothris lobata nov. sp. — *Tête d'un vert mat et clair; pronotum vert foncé à reflets violacés; élytres d'un vert foncé à la base, violacés au sommet, ornés de part et d'autre de sept petites taches d'un beau vert clair et situées : deux le long de la base, trois sur une même ligne courbe vers le tiers antérieur et deux au tiers supérieur. Dessous vert en avant et violacé en arrière. — Long., 8; larg., 3.5 mill.*

Front déprimé, couvert de petites rides circulaires et concentriques; carène frontale cintrée; vertex finement granuleux. Pronotum plus large que haut, un peu plus large en avant qu'en arrière, couvert de petites rides transversales; la marge antérieure faiblement échancrée en arc; les côtés obliquement tronqués en avant, droits et rentrants en arrière, leur plus grande largeur résidant à la partie inférieure de la troncature, l'angle postérieur obtus; la base fortement bisinuée avec le lobe médian très avancé et subarrondi. Écusson à peine visible. Élytres très finement granuleux et ponctués, un peu plus larges que le pronotum à la base, arrondis à l'épaule, légèrement sinueux à hauteur des hanches postérieures, un peu élargis au delà du milieu, atténués ensuite en ligne droite et dentelés jusqu'au sommet; ils sont évidés le long de la suture du sommet au quart supérieur et présentent un sillon courbe limitant intérieurement le calus huméral et quelques vagues dépressions discales. Dessous ponctué; extrémité du dernier segment abdominal avec deux échancrures limitées par trois dents dont la médiane, obtuse, est moins saillante que les deux latérales.

Brésil (Stevens, par Chevrolat).

Chrysobothris boliviana nov. sp. — *D'un vert obscur à reflets bronzés en dessus, la base des élytres et la suture d'un vert clair, une fossette oblongue basilaire, une autre fossette discale et transversale et une troisième fossette située au tiers postérieur, le tout d'un vert clair. Dessous vert foncé, très brillant; le milieu du sternum pourpré. — Long., 13,5; larg., 6 mill.*

Front déprimé, garni de petites rides circulaires et concentriques; carène frontale saillante, droite, surmontée d'un sillon flexueux; vertex finement ponctué. Pronotum couvert de petites rides transversales, plus large que haut; la marge antérieure à peine échancrée en arc; les côtés obliquement tronqués en avant, la partie inférieure de la troncature formant une saillie obtuse; sinueux en arrière avec l'angle postérieur abaissé et obtus; la base fortement bisinuée avec le lobe médian large, avancé et arqué. Écusson petit, triangulaire.

Élytres couverts d'une ponctuation fine et régulière, plus dense et d'aspect granuleux sur les côtés et sur les taches vertes; plus larges que le pronotum et biimpressionnés de part et d'autre à la base; sinueux sur les côtés à hauteur des hanches postérieures, légèrement élargis un peu au delà du milieu, atténués ensuite en ligne droite et dentelés jusqu'au sommet; celui-ci séparément arrondi et subacuminé; ils sont vaguement sillonnés le long de la suture. Dessous brillant, finement ponctué; dernier segment abdominal caréné longitudinalement au milieu et terminé par une échancrure arquée et armée de part et d'autre d'une forte dent obtuse.

Bolivie (Staudinger).

Chrysobothris Gounellei nov. sp. — *Oblong-ovale, atténué à l'extrémité, d'un vert obscur en dessus, la dépression frontale et les côtés antérieurs du pronotum d'un cuivreux pourpré obscur; les élytres ornés de part et d'autre de quatre dépressions à fond d'un vert doré clair et très brillant; les côtés postérieurs des élytres et la suture plus clairs que le disque; dessous d'un pourpré métallique très brillant; tarses verts.* — Long., 11,5; larg., 4,5 mill.

Front déprimé en avant, la dépression garnie d'une villosité blanche et soyeuse et séparée du vertex par une carène subarquée; vertex très finement sillonné. Pronotum très transversal, entièrement garni de petites rides onduleuses et parallèles, présentant de part et d'autre une petite fossette un peu au-dessus de l'angle inférieur; la marge antérieure légèrement cintrée; les côtés tronqués en avant et en arrière, légèrement échancrés en arc au milieu; la base fortement bisinuée avec le lobe médian avancé et anguleux. Écusson très petit, à peine perceptible. Élytres lisses, sauf la marge latérale et les fossettes qui sont très finement granuleuses, plus larges que le pronotum à la base, avec le calus huméral saillant, droits sur les côtés jusqu'au tiers supérieur, ensuite atténués obliquement en ligne droite et dentelés jusqu'au sommet; ils sont ornés de part et d'autre d'une fossette arrondie au milieu de la base, d'une seconde fossette transversale située vers le tiers antérieur et d'une fossette gémellée, oblique, vers le tiers supérieur. Dessous plus brillant que le dessus, orné sur les côtés du prosternum, des hanches postérieures et de chacun des segments abdominaux, de taches soyeuses, blanches.

Minas : Matusinhos (E. Gounelle).

Voisin de *Chr. boliviana* Kerr., qui précède, mais un peu moins robuste, la dépression frontale moins accentuée et la coloration du dessous entièrement différente.

Chrysobothris auropicta nov. sp. — *D'un bleu foncé en dessus; les élytres ornés d'une tache dans la fossette du lobe basilaire et de deux bandes transversales, interrompues à la suture, d'un*

cuivreux brillant. Dessous violacé; intérieur des fémurs vert. —
Long., 7; larg., 3 mill.

Front légèrement déprimé, couvert de petites rides circulaires et
concentriques; carène frontale tranchante, peu élevée, presque
droite et située au delà du milieu du bord intérieur des yeux ; vertex
finement ponctué. Pronotum plus large que haut, un peu plus étroit
en avant qu'en arrière, couvert de petites rides transversales ; la
marge antérieure droite, les côtés légèrement obliques et à peine
sinueux, la troncature antérieure très peu accusée ; la base bisinuée
avec le lobe médian avancé, large et arqué. Écusson très petit.
Élytres finement granuleux, les granulations un peu plus rudes sur
les bandes cuivreuses que sur le fond général; beaucoup plus larges
que le pronotum à la base, le calus huméral saillant; les côtés à
peine sinueux à hauteur des hanches postérieures, légèrement
élargis au tiers supérieur, ensuite atténués en ligne droite et dentelés
jusqu'au sommet qui présente un petit vide anguleux sutural.
Dessous finement granuleux; extrémité du dernier segment abdominal tridentée.

Goyaz : Jatahy (Ch. Pujol).

Chrysobothris bogotensis nov. sp. — *Tête et pronotum vert*
obscur; élytres d'un noir bleuâtre très brillant, ornés de part et
d'autre de huit taches d'un cuivreux très brillant et situées : les deux
premières le long de la base, l'une dans la fossette médiane, l'autre,
plus petite, contre la troncature humérale; la troisième vers le
quart antérieur, très petite, contre la suture; la quatrième et la cin-
quième vers le tiers antérieur, l'une, linéaire, très petite, contre la
marge latérale, l'autre transversale et médiane; les deux suivantes,
subjumellées, au tiers supérieur et la huitième, allongée et apicale.
Dessous vert brillant; l'apex et les tarses bleus. —Long. 9; larg., 4 mill.

Tête granuleuse, carène frontale peu accusée et arquée; vertex
ponctué. Pronotum oblong, transversal, les angles antérieurs
tronqués, les postérieurs abaissés et aigus, couvert de points
allongés, transversaux, assez denses; la marge antérieure à peine
échancrée en arc; les côtés droits en arrière et tronqués obliquement
en avant; la base fortement bisinuée avec le lobe médian avancé et
arrondi. Écusson très petit. Élytres lisses, les taches cuivreuses très
granuleuses; saillants à l'épaule, à peine sinueux sur les côtés à
hauteur des hanches postérieures, légèrement élargis au tiers
supérieur, atténués ensuite en ligne droite jusqu'au sommet qui
est obliquement tronqué et bidenté de part et d'autre. Dessous
ponctué, un peu moins lisse sur les côtés que sur le milieu ; extrémité du dernier segment abdominal unidentée de part et d'autre
sur les côtés et lobée au milieu.

Bogota (Chevrolat).

Chrysobothris placida nov. sp. — *Tête bronzée avec la carène frontale, le pourtour antérieur des yeux, l'épistome et le vertex verts ; antennes bronzé doré clair ; pronotum vert obscur ; élytres d'un bleu foncé avec une tache transversale basilaire surmontant les fossettes, une bande transversale médiane interrompue à la suture et une tache allongée, contre le bord extérieur du sommet, d'un beau vert clair. Dessous vert brillant en avant et vert bleuâtre en arrière ; l'apex bleu ; les fémurs bronzés en dessus et verts en dessous ; les tibias bronzés ; les tarses bleus. — Long., 9 ; larg., 3,5 mill.*

Tête granuleuse ; carène frontale arquée, peu saillante, surmontée d'une petite carène semblable et sensibles seulement toutes deux par leur différence de coloration avec le reste du front. Pronotum quadrangulaire, élargi, couvert de petites rides transversales et parallèles, les angles antérieurs obliquement tronqués, les postérieurs abaissés et aigus ; la marge antérieure à peine échancrée en arc, les côtés perpendiculaires à la base ; celle-ci fortement bisinuée avec le lobe médian large, avancé et arrondi. Écusson très petit. Élytres presque lisses ; les taches vertes finement granuleuses ; un peu plus larges que le pronotum à la base, élargis et arrondis à l'épaule ; à peine sinueux sur les côtés à hauteur des hanches postérieures, légèrement élargis au tiers supérieur ; atténués ensuite en ligne droite et dentelés jusqu'au sommet ; ils présentent, vers le tiers supérieur, un vague sillon longitudinal n'atteignant pas le sommet et limité d'une part par la suture et de l'autre par une carène costiforme peu élevée. Dessous finement granuleux ; extrémité du dernier segment abdominal profondément échancrée en arc.

Brésil : Saint-Paul (Staudinger).

Chrysobothris punctata nov. sp. — *Tête et pronotum d'un vert obscur ; articles dentés des antennes rouges ; épistome vert doré ; élytres d'un noir bleuâtre avec des fossettes basilaires, deux bandes sinueuses discales et une bande latérale apicale d'un vert doré clair et brillant ; dessous obscur ; tarses bleuâtres. — Long., 8 ; larg., 3,3 mill.*

Front aplani ; carène frontale courte, peu saillante, droite et située vers le tiers supérieur des yeux ; épistome bilobé ; vertex finement ponctué. Pronotum rectangulaire, transversal ; ses angles antérieurs tronqués ; la marge antérieure très légèrement échancrée en arc, les côtés droits, la base fortement bisinuée avec le lobe médian avancé et arrondi ; il est couvert de petites rides transversales, parallèles et subsinueuses. Écusson très petit, triangulaire. Elytres plus larges que le pronotum et tronqués à la base, saillants à l'épaule avec le calus huméral bien marqué, droits sur les côtés jusqu'au tiers supérieur où ils présentent leur plus grande largeur, brusquement atténués ensuite et dentelés de part et d'autre jusqu'au sommet qui est acuminé avec une forte dent apicale ; ils présentent une ponctuation très fine et régulièrement espacée avec, de part et d'autre, sur la moitié postérieure et le long de la suture, un sillon limité d'une part par celle-ci, et d'autre part par une côte caréniforme peu prononcée ; ils sont, en outre, ornés de taches et de bandes d'un vert clair à fond finement granuleux et plus fortement ponctuées que le restant de l'élytre et situées de part et d'autre : la première, arrondie, dans une profonde fossette basilaire et médiane, la deuxième, à l'épaule ; la troisième, arquée, vers le tiers antérieur et sur le côté, contournant en partie le calus huméral ; la quatrième, transversale, vers le tiers postérieur, et la cinquième, allongée, le long du bord extérieur. Bord antérieur du prosternum tronqué ; sternum couvert d'une abondante efflorescence blanche ; côtés de chacun des segments abdominaux ornés d'une tache blanche. Fémurs antérieurs avec une forte dent obtuse ; tibias antérieurs arqués.

Bahia : S. Antonio da Barra (E. Gounelle).

Voisin de *Chr. cayennensis* Gmel., mais moins robuste, les bandes élytrales moins vertes et autrement disposées ; la coloration générale différente.

CHRYSOBOTHRIS FRUTA Gory, *Monogr. supp.*, t. 4 (1841), p. 167, pl. 28, fig. 162.

Bahia : Terra Nova (E. Gounelle).

Chrysobothris gentilis nov. sp. — *Tête bronzée, le bord intérieur des yeux, l'épistome, la carène frontale et le vertex d'un vert clair ; pronotum d'un noir mat bordé de vert ; élytres d'un noir bleuâtre avec, de part et d'autre, une tache humérale allongée et transversale, une bande médiane et transversale n'atteignant ni le bord ni la suture et plus éloignée de celle-ci que du premier et une ligne allongée apicale, longeant le bord extérieur du tiers supérieur au sommet, le tout d'un beau vert clair. Dessous d'un vert brillant ; articles dentés des antennes et tarses bleus. — Long., 8 ; larg., 3,5 mill.*

Tête finement granuleuse et ponctuée ; carène frontale peu saillante, sensible seulement par sa différence de coloration avec le front. Pronotum plus large que haut et un plus large en avant qu'en arrière, couvert de petites rides transversales et parallèles ; la marge antérieure à peine échancrée en arc ; les côtés obliquement tronqués en avant et droits ensuite et légèrement rentrants ; l'angle postérieur obtus et arrondi ; la base fortement bisinuée avec le lobe médian largement arrondi. Écusson très petit. Élytres plus larges que le pronotum, impressionnés de part et d'autre à la base, le calus huméral saillant, les épaules arrondies, les côtés droits jusqu'au tiers supérieur, atténués ensuite et dentelés jusqu'au sommet ; celui-ci séparément arrondi. Dessous finement et régulièrement ponctué ; extrémité du dernier segment abdominal étroitement échancrée en arc.

Amazones (Chevrolat).

Chrysobothris Staudingeri nov. sp. — *Tête d'un cuivreux obscur, épistome cuivreux ; pronotum d'un vert obscur, bordé de vert doré clair, avec une tache triangulaire de même nuance à la base, au-dessus de l'écusson ; élytres bleuâtres, obscurs, ornés d'une tache triangulaire humérale, de deux petites taches médianes, situées plus près du bord extérieur que de la suture, et d'une ligne latérale et apicale, le tout d'un vert doré clair. Dessous vert obscur ; abdomen bleuâtre ; tarses bleus.* — Long., 8 ; larg., 3 mill.

Tête granuleuse et régulièrement ponctuée ; carène frontale nulle ou à peine accusée. Pronotum plus large que haut, un peu plus large en avant qu'en arrière, couvert de petites rides transversales ; la marge antérieure échancrée en arc ; les côtés droits au milieu et obliquement tronqués en avant et en arrière ; la base bisinuée avec le lobe médian avancé et arrondi. Écusson très petit. Élytres plus larges que le pronotum et déprimés de part et d'autre à la base, un peu plus rugueux en avant qu'en arrière, arrondis à l'épaule, le calus huméral saillant ; les côtés droits jusqu'au tiers antérieur, ensuite atténués en ligne droite et dentelés jusqu'au sommet, qui est tronqué. Dessous granuleux et ponctué ; extrémité du dernier segment abdominal avec une étroite et profonde échancrure subanguleuse et arrondie au fond.

Amazones (Staudinger).

Chrysobothris punctiventris nov. sp. — *Dessus d'un vert terne, glauque, mat et clair, avec, sur chaque élytre, deux taches d'un bleu d'acier, et situées : la première, subrectangulaire, sur le milieu du disque au tiers antérieur, et la seconde, transversale, bilobée en avant et tronquée en arrière, au tiers supérieur, atteignant presque la marge latérale et se terminant à une certaine distance de la suture. Dessous vert ; tarses bleus.* — Long., 8 ; larg., 3,3 mill.

Tête rugueuse, irrégulièrement ponctuée ; carène frontale nulle ou à peine sensible. Pronotum plus large que haut et un peu plus large en avant qu'en arrière, plus rugueux sur les côtés que sur le disque, les premiers irrégulièrement ponctués, le second couvert de rides transversales et parallèles ; la marge antérieure bisinuée avec le lobe médian subanguleux ; les côtés obliquement arqués, avec les angles antérieurs et les postérieurs subtronqués ; la base bisinuée avec le lobe médian avancé et arrondi. Écusson très petit. Élytres rugueux, finement et régulièrement ponctués, un peu plus larges que le pronotum et déprimés de part et d'autre à la base et à l'épaule, celle-ci arrondie, le calus huméral saillant ; les côtés presque droits jusqu'au delà du milieu où ils ont leur plus grande largeur, atténués ensuite en ligne droite et dentelés jusqu'au sommet; celui-ci séparément arrondi. Dessous finement et régulièrement ponctué; extrémité du dernier segment abdominal bidentée, les dents formant une petite échancrure anguleuse.

Brésil (Stevens, par Chevrolat).

Chrysobothris pygmæa nov. sp. — *Oblong, allongé, peu convexe, d'un bronzé obscur avec, sur chaque élytre, trois fossettes à fond doré.* — Long., 5,7; larg., 2,2 mill.

Front uni, fortement ponctué et garni de poils blanchâtres; carène frontale peu accentuée et faiblement arquée; épistome bilobé; vertex granuleux, finement et irrégulièrement ponctué. Pronotum uni, très finement granuleux, transversal, un peu plus large en avant qu'en arrière; la marge antérieure bisinuée avec le lobe médian avancé et anguleux; les côtés arqués avec les angles postérieurs très légèrement saillants en dehors; la base bisinuée avec le lobe médian tronqué. Écusson médiocre, triangulaire. Élytres presque lisses, finement granuleux, un peu plus larges que le pronotum à la base, saillants à l'épaule avec le calus huméral bien marqué, les côtés très faiblement sinueux à hauteur des hanches postérieures, arrondis et légèrement élargis au tiers supérieur, atténués ensuite suivant un arc peu prononcé et dentelés jusqu'au sommet, où ils sont séparément arrondis; ils présentent de part et d'autre une profonde fossette médiane et basilaire, une dépression allongée en deçà du calus huméral, une fossette prémédiane et une fossette située vers le tiers postérieur, plus près du bord extérieur que de la suture. Dessous granuleux et ponctué, garni de poils blanchâtres; bord antérieur du prosternum tronqué; fémurs antérieurs obtusément dentés; tibias antérieurs arqués.

Pernambuco : Serra de Communaty (E. Gounelle).

Voisin de *Chr. elevata* Cast. et Gory, mais plus étroit, moins robuste et différemment coloré.

Chrysobothris tenebricosa nov. sp. — *Entièrement noir et légèrement bleuâtre en dessus avec, sur les élytres, trois minuscules points cuivreux situés : le premier dans la fossette basilaire interne, le second au milieu du disque et le troisième au tiers supérieur, plus près du bord extérieur que de la suture. Dessous vert doré au milieu, bronzé obscur sur les côtés et à l'extrémité; tibias bleus.* — Long., 13; larg., 5 mill.

Tête granuleuse et ponctuée; front vaguement impressionné; carène frontale nulle ou à peine sensible. Pronotum plus large que haut et plus large en avant qu'en arrière, très finement granuleux, les rides à peine accusées, présentant cinq vagues fossettes : une première, préscutellaire, très peu accentuée, deux autres, latérales, dans l'angle formé par la troncature antérieure des côtés et les deux suivantes, médianes, à égale distance de la marge latérale et du milieu; la marge antérieure à peine bisinuée; les côtés obliquement tronqués en avant, droits et rentrants ensuite avec l'angle postérieur abaissé et aigu; la base fortement bisinuée avec le lobe médian avancé et arrondi. Écusson très petit, triangulaire. Élytres plus larges que le pronotum et impressionnés de part et d'autre à la base, arrondis à l'épaule avec le calus huméral saillant, plus sinueux sur les côtés à hauteur des hanches postérieures, légèrement élargis au tiers supérieur, ensuite atténués suivant une courbe régulière et finement dentelés jusqu'au sommet; ils sont d'apparence lisse, très finement et très régulièrement ponctués, et présentent de part et d'autre deux côtes caréniformes, l'une longeant la marge latérale du sommet à l'épaule, l'autre longeant la suture. Dessous finement ponctué, un peu plus lisse au milieu que sur les côtés; extrémité du dernier segment abdominal tridentée, les dents séparées par deux échancrures arquées.

Amazones (Staudinger); Pérou (Chevrolat).

Chrysobothris polita nov. sp. — *Dessus vert brillant à reflets cuivreux. Dessous vert brillant; les côtés du sternum et des segments abdominaux couverts d'une efflorescence blanche; tarses bleus. —* Long., 12; larg., 5 mill.

Tête rugueuse; front couvert de petites rides transversales, vaguement sillonné longitudinalement; carène frontale peu saillante, surmontée d'un vague sillon arqué; vertex ponctué. Pronotum plus large que haut, couvert de petites rides transversales, les côtés parallèles avec l'angle antérieur obliquement tronqué et le postérieur abaissé et aigu; la marge antérieure droite; la base fortement bisinuée avec le lobe médian avancé et subanguleux; il présente, de part et d'autre, sur le disque, une vague fossette latérale. Élytres lisses, très finement ponctués, un peu plus larges que le pronotum et impressionnés de part et d'autre à la base, arrondis à l'épaule avec le calus huméral saillant, sinueux sur les côtés à hauteur des hanches postérieures, légèrement élargis au tiers supérieur, atténués ensuite en ligne droite et dentelés jusqu'au sommet qui est acuminé. Dessous finement ponctué; dernier segment abdominal longitudinalement caréné au milieu, tronqué au sommet, la troncature bisinueuse et limitée de part et d'autre par une dent aiguë.

Amazones (Staudinger).

Chrysobothris taciturna nov. sp. — *Grand, convexe en dessus; front vert clair; pronotum et élytres d'un vert sombre, presque noir; le fond des fossettes élytrales d'un cuivreux obscur et rougeâtre.*

Dessous vert, moins obscur et plus brillant que le dessus; genoux et tarses d'un vert clair; les côtés du sternum à reflets cuivreux. — Long., 23; larg., 9 mill.

Tête plane; front inégal, rugueux, irrégulièrement ponctué avec des reliefs lisses; carène frontale peu saillante, bisinuée et surmontée d'une seconde carène subparallèle à la première. Pronotum déprimé sur le disque, déclive sur les côtés, la dépression discale large, longitudinale et peu profonde; plus large que haut et un peu plus large en avant qu'en arrière, couvert, sur le disque, d'une ponctuation inégalement espacée et, sur les côtés, de rides épaisses, irrégulières, transversales et formant un réseau anastomosé; la marge antérieure à peine bisinuée; les côtés obliquement tronqués en avant, droits et rentrants en arrière, l'angle postérieur abaissé et droit; la base fortement bisinuée avec le lobe médian tronqué. Écusson très petit, triangulaire. Élytres plus larges que le pronotum et impressionnés de part et d'autre à la base, le calus huméral saillant, les côtés droits, légèrement élargis au tiers supérieur, ensuite atténués suivant une courbe peu prononcée et dentelés jusqu'au sommet; ils sont ornés de part et d'autre, outre deux impressions basilaires, de deux autres impressions à fond finement granuleux, la première quadrangulaire et située au milieu du disque au tiers antérieur et la seconde transversale, oblongue, irrégulière, située vers le tiers postérieur et un peu plus près du bord que de la suture; ils sont irrégulièrement ponctués au milieu, densément sur les côtés où ils ont un aspect granuleux et présentent, de part et d'autre, quatre côtes dont une seule, longeant la suture, est bien accusée, les autres étant interrompues par les deux dépressions discales. Dessous granuleux et ponctué; extrémité du dernier segment abdominal largement échancrée, l'échancrure tronquée au milieu, lobée sur les côtés, les lobes tronqués.

Buenos-Ayres (Chevrolat).

Chrysobothris sexangula nov. sp. — *Oblong, allongé, entièrement d'un bronzé obscur avec les dépressions élytrales légèrement cuivreuses, les tarses, l'épistome et les articles non dentés des antennes d'un vert brillant; articles dentés des antennes d'un rouge feu brillant; tibias verts, tarses bleus. —* Long., 12; larg., 4 mill.

Tête granuleuse et ponctuée; carène frontale nulle. Pronotum peu convexe, plus large que haut, couvert de petites rides sinueuses et transversales; la marge antérieure bisinuée; les côtés sinueux au milieu et tronqués en avant et en arrière, la troncature antérieure plus oblique que la postérieure; la base fortement bisinuée avec le lobe médian avancé et tronqué; il présente de part et d'autre deux vagues impressions et, au milieu, un sillon longitudinal peu profond. Élytres un peu plus larges que le pronotum à la base, arrondis à l'épaule, dentelés sur les côtés à partir du sinus huméral jusqu'à l'extrémité, droits jusqu'au tiers supérieur, ensuite atténués en ligne droite jusqu'au sommet; ils sont finement granuleux, surtout dans les dépressions discales au nombre de deux sur chaque élytre et très irrégulières, transversales et traversées en partie par des côtes au nombre de quatre, irrégulières, sauf la suturale qui limite un sillon longitudinal. Dessous ponctué; dernier segment abdominal déprimé au milieu, la dépression triangulaire, l'extrémité largement échancrée en arc, échancrure dentée de part et d'autre.

Cayenne (Chevrolat).

Chrysobothris Dugesi nov. sp. — *Étroit, subparallèle, allongé, d'un bronzé obscur uniforme, plus clair et plus brillant en dessous qu'au dessus.* — Long., 7; larg., 2,3 mill.

Tête plane, grossièrement et régulièrement ponctuée. Pronotum transversal, subrectangulaire, couvert de points régulièrement espacés et dont les intervalles forment des rides sinueuses; la marge antérieure bisinuée; les côtés presque droits avec les extrémités un peu rentrantes et obliques; la base bisinuée avec le lobe médian arrondi. Écusson petit, triangulaire. Élytres plus larges que le pronotum à la base, couverts d'une ponctuation régulièrement espacée et de rides transversales irrégulières, avec, de part et d'autre, une fossette arrondie dans le lobe basilaire et une seconde fossette prémédiane; les côtés sinueux à hauteur des hanches postérieures, légèrement élargis vers le milieu, ensuite atténués suivant une courbe régulière et dentelés jusqu'au sommet; celui-ci séparément arrondi. Dessous granuleux et ponctué; prosternum muni d'une mentonnière arquée limitée par une carène droite; extrémité du dernier segment abdominal échancrée en arc, l'échancrure limitée de part et d'autre par une forte épine.

Mexique (E. Dugès).

Voisin de *Chr. debilis* Le C., mais un peu plus grand, le pronotum moins convexe, les côtes élytrales nulles, les fossettes concolores et peu accusées.

Acherusia Childreni Cast. et Gory, *Monogr.*, t. 1 (1837), p. 2, pl. 1, fig. 2.

Bahia : S. Antonio da Barra.

Polycesta perlucida nov. sp. — *Étroit, allongé, d'un bronzé très obscur; le pronotum à légers reflets cuivreux; élytres d'un brun rougeâtre clair avec les côtes et les extrémités noires.* — Long., 12; larg., 4 mill.

Tête inégalement ponctuée avec des reliefs vermiculés irréguliers. Pronotum en trapèze, plus large que haut et beaucoup plus étroit en avant qu'en arrière, couvert d'une ponctuation assez épaisse et irrégulière, le disque avec une profonde dépression ovalaire; les côtés déclives; la marge antérieure bisinuée avec le lobe médian avancé et subanguleux; les côtés très obliques en avant, arrondis vers le tiers inférieur avec l'angle postérieur obtus; la base tronquée. Écusson lisse, élargi, trapézoïdal. Élytres de la largeur du pronotum à la base, légèrement sinueux sur les côtés à hauteur des hanches postérieures, régulièrement atténués et dentelés au sommet; ils présentent de part et d'autre, non compris la suture, qui est élevée, quatre côtes élevées noires, dont les suturales sont plus larges et mieux accentuées que les latérales; entre la suture et la première côte s'en remarque une. plus petite, partant de la base et atteignant à peine le quart intérieur; les intervalles de ces côtes sont formés de séries géminées de gros points enfoncés. Dessous grossièrement et inégalement ponctué.

Nouvelle Grenade (Mnizsech, par Chevrolat).

Polycesta bicolor nov. sp. — *Tête et pronotum d'un cuivreux brillant, mais sombre; élytres d'un vert noirâtre avec les côtes d'un cuivreux sombre. Dessous cuivreux, milieu du corps verdâtre. —* Long., 13; larg., 4,5 mill.

Tête grossièrement ponctuée avec des reliefs vermiculés lisses et irréguliers. Pronotum plus large que haut, beaucoup plus étroit en avant qu'en arrière, hexagonal, déprimé sur le disque, couvert d'une grosse ponctuation, largement et irrégulièrement espacée, plus dense dans la dépression discale et sur les côtés; la marge antérieure à peine bisinuée; les côtés très obliques en avant, subanguleux vers le tiers postérieur, rentrants ensuite vers la base avec l'angle postérieur obtus; la base bisinuée avec le lobe médian subanguleux. Écusson petit, elliptique et allongé. Élytres de la largeur du pronotum à la base, droits sur les côtés jusqu'au tiers postérieur, atténués ensuite suivant une courbe régulière jusqu'au sommet, qui est dentelé; ils présentent, de part et d'autre, deux grosses côtes discales et longitudinales plus accentuées que la suture et qu'une troisième côte prémarginale; le long de ces côtes se remarque une série de points enfoncés séparés par un espace uni plus net sur le disque que vers les côtés. Dessous granuleux, irrégulièrement ponctué.

Brésil (Fairmaire)?

Tyndaris Fairmairei nov. sp. — *Convexe en dessus, d'un bronzé très obscur avec le pronotum parfois verdâtre. Dessous bronzé clair; les côtés du pronotum et les épipleures élytrales d'un jaune clair. —* Long., 7; larg., 3 mill.

Tête granuleuse, régulièrement et densément ponctuée. Pronotum convexe, régulièrement et densément ponctué, déprimé au-dessus de l'écusson, plus large que haut et plus étroit en avant qu'en

arrière; la marge antérieure faiblement arquée; les côtés arrondis
en quart de cercle avec l'angle postérieur presque droit, à peine
obtus; la base tronquée. Écusson très petit, punctiforme. Élytres
convexes, de la largeur du pronotum à la base, couverts de stries
ponctuées, les interstries plans; les côtés à peine sinueux à hauteur
des hanches postérieures, légèrement élargis au tiers supérieur,
atténués ensuite et dentelés sur les côtés jusqu'au sommet qui est
tronqué, la troncature limitée extérieurement par une assez forte
dent légèrement saillante en dehors et intérieurement par un vide
anguleux sutural; ils présentent, le long de la marge latérale,
parallèle à celle-ci, une côte élevée que termine la dent préapicale.
Sternum granuleux; abdomen finement et régulièrement ponctué;
pattes presque lisses.

Chili (Fairmaire).

Beaucoup plus petit que *T. marginella* Fairm., le pronotum moins
rugueux et plus finement ponctué, sa dépression préscutellaire
beaucoup moins prononcée; les élytres moins rugueux avec les
interstries à peine ponctués, enfin l'armature terminale des élytres
tout autrement constituée.

Acmæodera solitaria nov. sp. — *Assez grand, peu convexe,
acuminé au sommet, entièrement noir; les élytres plus brillants que le
restant du corps et garnis, ainsi que la marge latérale inférieure du
pronotum, de taches et de bandes transversales d'un jaune fauve et
interrompues à la suture; tête, pronotum et dessous couverts de poils
longs et d'un jaune sale.* — Long., 11; larg., 4 mill.

Tête granuleuse, couverte de gros points irréguliers; épistome
fortement bilobé, échancré au milieu; front sillonné. Pronotum
plus large que haut, presque semi-circulaire, couvert d'une ponctuation régulière et très dense, déprimé au milieu de part et d'autre
sur les côtés vers la base, la dépression médiane prolongée et formant un sillon longitudinal peu prononcé; la marge antérieure
bisinuée avec le lobe médian subanguleux; les côtés obliques et
arqués avec l'angle postérieur obtus; la base tronquée. Élytres convexes, de la largeur du pronotum et sillonnés le long de la base qui
forme ainsi une sorte de bourrelet, couverts de séries longitudinales
régulières et assez serrées de gros points enfoncés, dentelés sur les
bords depuis le milieu jusqu'au sommet, les dents laissant émerger
des poils longs et raides; le sommet acuminé. Dessous finement et
régulièrement ponctué; marge antérieure du prosternum droite.

Mexique.

Voisin de l'*Acm. flavopicta* Wat., mais un peu moins robuste,
plus étroit, les dépressions du pronotum moins profondes; les côtés
du pronotum teintés de jaune à la base; le dessin fauve élytral autrement disposé.

Acmæodera interrupta nov. sp. — *Allongé, peu convexe, acuminé au sommet, entièrement noir, les élytres ornés de macules jaunes régulièrement disposées le long du bord extérieur et rangées comme suit de part et d'autre : une, allongée, interrompue au milieu et longeant la marge latérale de la base au tiers antérieur ; la seconde, petite, arrondie, près de la base et un peu plus près de la suture que du bord latéral ; la troisième semblable à la précédente, située sous elle, un peu obliquement vers la marge latérale ; les quatre suivantes, un peu transversales, situées contre la marge extérieure, à partir du sommet de la tache humérale et à égale distance l'une de l'autre. Tête, pronotum et dessous garnis d'une villosité jaune sale. — Long., 10; larg., 3 mill.*

Tête inégalement ponctuée; front sillonné. Pronotum plus large que haut, couvert d'une grosse ponctuation régulièrement espacée, déprimé au milieu et de part et d'autre sur les côtés à la base; la marge antérieure bisinuée avec le lobe médian avancé et subanguleux; les côtés obliques et régulièrement arqués avec l'angle postérieur arrondi; la base tronquée. Élytres de la largeur du pronotum et sillonnés le long de la base, celle-ci formant un bourrelet; les côtés dentelés du milieu jusqu'au sommet, les dents laissant émerger de leur extrémité des poils longs et raides; ils présentent des séries longitudinales, régulières et serrées de gros points; le sommet acuminé. Dessous finement et régulièrement ponctué; marge antérieure du prosternum sinueuse avec un large lobe médian peu avancé et subéchancré au milieu.

Mexique.

Également voisin, pour le facies, de l'*Acm. flavopicta* Wat., mais moins robuste, le pronotum plus large à la base, les macules jaunes des élytres très régulières laissant la moitié suturale entièrement unie.

Acmæodera unica nov. sp. — *Subovalaire, assez convexe, entièrement noir, les élytres largement maculés de jaune fauve, les macules grandes, allongées et irrégulières. Dessous garni de rares poils gris, assez longs. — Long., 8; larg., 3 mill.*

Tête granuleuse et inégalement ponctuée, garnie de longs poils noirs enchevêtrés; front convexe. Pronotum plus large que haut, grossièrement et irrégulièrement ponctué, couvert de poils noirs, assez longs et enchevêtrés, sillonné longitudinalement au milieu et déprimé de part et d'autre sur les côtés; la marge faiblement bisinuée avec le lobe médian subanguleux; les côtés obliques en avant et arrondis vers le milieu avec l'angle postérieur obtus; la base tronquée. Élytres de la largeur du pronotum, sillonnés le long de la base, le sillon interrompu par le calus huméral; les côtés dentelés du tiers supérieur au sommet; ils présentent des séries longitudinales de points assez gros sur les côtés et des stries grossièrement ponctuées vers la suture. Dessous irrégulièrement ponctué; la ponctuation plus épaisse en avant qu'en arrière; marge antérieure du prosternum presque droite, faiblement échancrée en arc.

Mexique.

Assez voisin de *Acm. variegata* Le C. des États-Unis, mais le dessin élytral autrement disposé, le pronotum relativement moins haut et plus large; les élytres moins acuminés au sommet.

Acmæodera contigua nov. sp. — *Cunéiforme, assez convexe, élargi à l'épaule, acuminé au sommet, noir brillant légèrement bronzé en dessous; dessus noir mat, pronotum bordé de jaune, les élytres ornés d'une bande marginale externe jaune, allant de l'épaule au tiers supérieur et interrompue sur le bord seulement par deux macules noires; le sommet orné de deux bandes sinueuses d'un rouge vif passant au jaune sur les côtés.* — Long., 10-12; larg. 3,5-5 mill.

Tête chagrinée et inégalement ponctuée. Pronotum beaucoup plus large que haut, couvert d'une ponctuation épaisse, dense et assez régulière; le disque avec une dépression triangulaire, plus élevé que les bords, qui sont légèrement aplanis; la marge antérieure bisinuée avec le lobe médian arrondi, moins avancé que les bords; les côtés très obliques, arrondis vers la base, bordés de jaune avec la marge latérale noire et lisse. Élytres convexes, larges à la base, très acuminés au sommet, couverts d'une ponctuation épaisse, disposée en séries longitudinales et régulières, avec des intervalles costiformes plus nets au sommet qu'à la partie antérieure. Dessous irrégulièrement ponctué, la ponctuation plus épaisse et plus irrégulière en avant qu'en arrière; marge antérieure du prosternum faiblement échancrée en arc.

Guadeloupe.

Très voisine de l'*Acm. flavomarginata* Gray, des Antilles, cette espèce doit se trouver confondue avec elle dans beaucoup de collections. Le facies est identique, mais la ponctuation générale est plus épaisse et le dessin différent des bandes apicales est constant dans les deux espèces, sans passages. Chez le *flavomarginata*, il n'y a qu'une seule large bande jaune interrompue par trois taches noires, dont deux semi-circulaires et touchant le bord de chacun des côtés et une, circulaire, médiane et commune aux deux élytres; chez le *contigua*, il y a deux bandes préapicales superposées, sinueuses, rouge vif au milieu et passant au jaune sur les côtés avec un petit point jaune apical, rarement absent; de plus, la bande latérale jaune est plus large vers son extrémité et interrompue, le long du bord, et comme découpée par deux macules noires.

Acmæodera meridionalis nov. sp. — *Allongé, atténué à l'extrémité, entièrement noir; les élytres brun de poix et ornés de bandes transversales fauves, irrégulières, interrompues à la suture et d'une large tache épipleurale de même nuance.* — Long., 9; larg., 2,8 mill.

Tête à ponctuation dense et très régulière, couverte d'une courte villosité jaunâtre; front légèrement déprimé au milieu, la dépression arrondie. Pronotum à ponctuation et à villosité semblables à celles de la tête, convexe, plus large que haut, plus étroit en avant qu'en arrière, vaguement et longitudinalement sillonné au milieu; la marge antérieure arquée, les côtés obliques en avant et arrondis en arrière avec l'angle postérieur obtus; la base tronquée. Élytres un peu plus étroits que le pronotum à la base; le calus huméral saillant; les côtés faiblement sinueux à hauteur des hanches postérieures, légèrement élargis au tiers supérieur, ensuite atténués suivant une courbe régulière et dentelés jusqu'au sommet; ils présentent des séries longitudinales régulières et très serrées de stries ponctuées dont les interstries sont peu élevés; le dessin jaune consiste en : 1° une petite tache scutellaire allongée, transversale et un peu oblique; 2° une large tache humérale partant de l'épaule, en respectant le calus pour aboutir un peu au delà de la moitié, envahissant intérieurement le disque dans sa moitié extérieure et lançant vers la suture trois rameaux transversaux et parallèles, le premier se dirigeant vers la petite tache scutellaire et le second plus court que le troisième; 3° une moucheture située contre la suture à hauteur de la limite inférieure de la grande tache humérale; 4° deux bandes préapicales et parallèles; 5° l'apex. Dessous plus lisse que le dessus, finement et régulièrement ponctué; marge antérieure du prosternum échancrée en arc.

Paraguay : Asuncion (Revoil, par E. Gounelle).

Voisin de *Ac. connexa* Lec., mais plus allongé et plus étroit, le pronotum moins dilaté, plus convexe et plus déclive en avant, le dessin jaune des élytres avec une allure toute autre.

Conognatha biocularis Thoms., *Typ. Bupr.*, 1878, p. 47.

Goyaz : Jatahy (Ch. Pujol).

Conognatha magnifica Cast. et Gory, *Monogr.*, t. 2.; *Stigmoder.*, p. 57, pl. 13, fig. 69.

Goyaz : Jatahy (Ch. Pujol).

Genre HYPERANTHA Mannerheim

Tableau synoptique des espèces

1. Écusson jamais entièrement noir   2
   —   entièrement noir 11
2. Écusson bordé de noir, jaune au milieu .   TERMINALIS C. et G.
   —   entièrement jaune   3
3. Élytres jaunes ou rouges, plus ou moins maculés de noir .   4
   —   —   sans taches ni bandes noires . .   5
4. Une grande tache noire humérale, allongée et marginale
   sur chaque élytre . . . . DECORATA Gory (1)
   Une petite tache noire, préapicale, sur chaque élytre.
                                         STIGMATICOLLIS Desm.
5. Tache noire du pronotum petite, au plus médiocre . . .   6
   —   —   large, envahissant parfois tout
   le disque, ne laissant qu'une étroite bordure jaune. .   8
6. Élytres jaunes, au moins en partie.   7
   —   rouge vif . . . . **judex** nov. sp.
7. Élytres entièrement jaunes . . . . TESTACEA Fab. (2)
   —   teintés de rouge au sommet et sur les bords postérieurs. . . . . HÆMORRHOA Fairm.
8. Segments abdominaux tachetés de jaune.   VITTATICOLLIS Desm.
   —   —   entièrement noirs   9
9. Élytres jaunes . . . . **Oberthuri** nov. sp.
   —   rouges 10
10. Lobe médian de la base du pronotum arrondi ou tronqué,
   corps élargi à l'épaule et atténué à l'extrémité.
                                        CARDINALIS Don. (3)
   Lobe médian de la base du pronotum échancré pour rece-
   voir l'écusson ; corps allongé, subparallèle.
                                        LANGSDORFFI Kl. (4)
11. Élytres fauves ou rouges, parfois avec quelques taches
   noires 12
   Élytres noires, parfois variés de jaune et de rouge . . . 15
12. Élytres rouges . . . . SANGUINOSA Mann.
   —   fauves 13
13. Tache noire du pronotum transversale, ne touchant pas
   l'écusson . . . . SALLEI Rojas

(1) *Cardinalis* var. Er. = *Chabrillacei* Thoms.
(2) *Laticollis* Cast. et Gory.
(3) *Speculigera* Pert.
(4) *Speculifera* Cast. et Gory = *rufipennis* Guér

Tache noire du pronotum longitudinale et touchant
    l'écusson 14
14. Pas de bande préapicale et transversale noire vers le som-
    met de l'élytre ; un point noir, sur les côtés vers le tiers
    supérieur . . . . ORNATICOLLIS C. et G. (1)
    Une bande préapicale noire surmontée d'une tache lan-
    céolée, souvent interrompue sur les côtés.
                                  MENETRIESI Mann. (2)
15. Pronotum latéralement bordé de jaune 16
    —   entièrement noir. 17
16. Élytres noirs avec une mince ligne jaune, sinueuse et plus
    ou moins allongée et partant de l'épaule
                              INTERROGATIONIS Kl. (3)
    Élytres avec les bords et une bande longitudinale ainsi
    qu'une bande transversale jaunes, cette dernière sur-
    montant une large bande apicale rouge . . BELLA Saund.
17. Une bande apicale rouge. . . . . . . STEMPELMANNI Berg.
    Pas de bande apicale rouge . . . . . **pygmæa** nov. sp.

Hyperantha judex nov. sp. — *Assez grand, peu convexe, subparallèle, plus large en avant qu'en arrière ; pronotum ocre jaune
clair avec une tache médiane transversale noire parfois interrompue
au milieu ; écusson et élytres d'un rouge vif. Dessous d'un noir
bleuâtre, sauf le prosternum qui est plus ou moins teinté de noir à sa
partie inférieure. Les segments abdominaux des ♂ ornés d'une tache
médiane, triangulaire, jaune, et, de part et d'autre sur les côtés des
trois premiers segments, d'une petite tache de même nuance. —*
Long., 25 ; larg., 9,5 mill.

Très voisin de *Hyp. hœmorroha* Fairm., mais la coloration différente, les élytres toujours entièrement d'un rouge vif ; le pronotum
plus grand, plus dilaté, avec les angles inférieurs également très
abaissés, mais moins saillants en dehors et contigus à l'épaule ; les
élytres moins atténués au sommet et partant plus parallèles, les
interstries plus saillants, surtout sur les côtés.

Goyaz : Jatahy (Ch. Pujol).

HYPERANTHA STIGMATICOLLIS Desm., *Ann. Soc. France*, 1843, p. 19,
pl. 1, fig. 1.

Goyaz : Jatahy (Ch. Pujol).

Hyperantha Oberthuri nov. sp. — *Allongé, peu convexe,
subparallèle, d'un jaune fauve clair en dessus avec une tache noire,*

____

(1) *Scita* Gory = *aulica* var. Er.
(2) *Trigonalis* Chev. = *trinotata* Chev. = *aulica* Cast. et Gory.
(3) *Consobrina* Luc.

transversale, subelliptique sur le pronotum. Dessous noir brillant, très légèrement bleuâtre, sauf la partie antérieure du prosternum, qui est d'un jaune fauve clair. — Long., 21 ; larg., 7,5 mill.

Voisin de *Hyp. stigmaticollis* Desm., quant au *facies* et à la taille, mais avec les élytres concolores, non teintés de rouge à l'extrémité et sans mouchetures préapicales noires, la tache noire du pronotum formant un losange transversal ou une ellipse ; le dessous entièrement noir, sauf les côtés du prosternum.

Brésil : Susuapara (E. Gounelle) ; Goyaz : Jatahy (Ch. Pujol).

Hyperantha ornaticollis Cast. et Gory, *Monogr.*, t. 2 (1839) ; *Poccilon*, p. 4, pl. 1, fig. 5.

Bahia : S. Antonio da Barra ; Pernambuco : Serra da Bernada (E. Gounelle).

Hyperantha pygmæa nov. sp. — *Petit, étroit, allongé, noir, très brillant ; les élytres d'un jaune clair avec la base, l'écusson, la suture, le quart supérieur et une bande longitudinale n'atteignant ni la base ni la partie noire du sommet, le tout d'un noir bleuâtre. Dessous noir verdâtre et brillant.* — Long., 9 ; larg., 2,5 mill.

La plus petite espèce, ne ressemblant à aucune autre, du genre. Tête ponctuée, sillonnée dans toute sa longueur et couverte, ainsi que le pronotum, de longs poils raides, jaunâtres, très espacés. Pronotum très convexe, un peu plus large en avant qu'en arrière, aussi haut que large, couvert d'une fine ponctuation régulièrement espacée ; la marge antérieure fortement bisinuée avec le lobe médian avancé et subanguleux ; les côtés arrondis en avant et droits en arrière avec l'angle postérieur aigu, légèrement saillant en dehors, mais non abaissé ; la base bisinuée. Écusson cordiforme. Élytres de la largeur du pronotum à la base, sinueux sur les côtés à hauteur des hanches postérieures, à peine élargis au tiers supérieur, arrondis au sommet avec de part et d'autre deux dents terminales, l'une apicale et l'autre médiane ; ils présentent des séries longitudinales de stries ponctuées. Dessous brillant, à peine ponctué, couvert d'une courte villosité jaunâtre, peu dense.

Buenos-Ayres (par Chevrolat).

Dactylozodes Fairmairei nov. sp. — *Etroit, allongé, subparallèle, bronzé obscur, entièrement couvert, sauf sur les élytres, d'une abondante villosité d'un jaune sale ; élytres d'un jaune fauve avec l'apex rougeâtre et trois bandes noires, postmédianes, transversales, sinueuses et parallèles, une petite tache discale située vers le milieu de la moitié antérieure ainsi que la suture noires.* — Long., 11,5 ; larg., 4 mill.

Facies des *Dact. quadrifasciata* Mann., *Orbignyi* et *Brullei* Cast.

et Gory, mais distincte de toutes les espèces de ce groupe en raison des caractères précités.

Montevideo (par L. Fairmaire).

Dactylozodes Orbignyi Cast. et Gory, *Monogr.*, t. 2 (1839), p. 3, pl. 1, fig. 2.

Goyaz : Jatahy (Ch. Pujol).

Dactylozodes Chevrolati nov. sp. — *Etroit, allongé, subparallèle, entièrement couvert, sauf sur les élytres, d'une abondante villosité d'un gris jaunâtre; tête, pronotum et écusson d'un vert brillant et obscur; élytres carminés avec la suture et trois bandes noires, postmédianes, transversales et sinueuses. Dessous noir, brillant, légèrement bronzé.* — Long., 12; larg., 4 mill.

Voisin de *Dact. Fairmairei* qui précède, mais un peu plus étroit, moins convexe, surtout les élytres et avec les bandes noires moins sinueuses.

Buenos-Ayres (par Chevrolat).

Dactylozodes Oberthuri nov. sp. — *Etroit, allongé, subparallèle, atténué en avant et en arrière, entièrement couvert, sauf sur les élytres, d'une villosité d'un gris jaunâtre; tête, pronotum, écusson et région scutellaire des élytres d'un vert brillant et obscur; marge latérale du pronotum d'un jaune fauve; élytres d'un jaune fauve avec l'extrémité rougeâtre et deux bandes postmédianes transversales et noires. Dessous vert obscur et brillant.* — Long., 14; larg., 4,5 mill.

Du même groupe que les espèces précédentes, mais un peu plus grand, allongé, et très différent de celles-ci en raison des caractères précités.

Équateur : Loja (abbé Gaujon par R. Oberthur).

Mastogenius Solieri Thoms., *Typ. Bupr.* (1878), p. 91.

Bahia : S. Antonio da Barra (E. Gounelle).

Mastogenius æneus nov. sp. — *Oblong, convexe, allongé, arrondi aux extrémités, d'un noir bronzé avec les élytres plus clairs que le restant du corps.* — Long., 3,3; larg., 1 mill.

Voisin de *M. Solieri* Ths. et de *M. parallelus* Sol., mais différent du premier par sa forme plus allongée et par sa coloration, et du second, par son pronotum plus étroit, non dilaté sur les côtés et non sillonné longitudinalement au milieu.

Tête convexe, très finement ponctuée. Pronotum presque aussi haut que large, convexe, un peu plus large en avant qu'en arrière; la marge antérieure échancrée en arc; les côtés très arqués en avant, presque droits en arrière avec l'angle postérieur presque droit, à peine obtus; il est couvert d'une fine ponctuation, égale et régulièrement espacée. Écusson lisse, très petit, en triangle curvi-

ligne tronqué à la base. Élytres convexes, finement et régulièrement
ponctués, de la largeur du pronotum et sillonnés transversalement de part et d'autre à la base, le calus huméral formant une
vague carène oblique assez longue mais peu accusée; les côtés
droits jusqu'au tiers supérieur, ensuite régulièrement arrondis
jusqu'au sommet qui est séparément arrondi et finement dentelé.
Dessous peu convexe et finement granuleux.

Rio : Tijuca (E. Gounelle).

Micrasta cyanipennis Kerr., *Ann. Soc. Ent. Belg.*, t. 37 (1893),
p. 115.

Bahia : S. Antonio da Barra (E. Gounelle).

Corydon cupreoviride Thoms., *Typ. Bupr. App.* 1ᵃ (1879), p. 55.

Bahia : S. Antonio da Barra (E. Gounelle).

Corydon nitidicolle Cast. et Gory, *Monogr.*, t. 2 (1839), *Coraeb.*,
p. 18, pl. 4, fig. 28.

Goyaz : Jatahy (Ch. Pujol).

Stenogaster juvencus Gory, *Monogr. supp.*, t. 4 (1841), p. 202,
pl. 33, fig. 193.

Pernambuco : Serra de Communaty (E. Gounelle).

Stenogaster marmoreus nov. sp. — *Allongé, peu convexe,
atténué en arrière, d'un bronzé brillant et clair, couvert d'une pubescence blanchâtre formant, sur les élytres, des bandes irrégulières.* —
Long., 13; larg., 4 mill.

Voisin de S. *linearis* Linn., mais moins étroit, plus élargi à
l'épaule et un peu plus écourté; la fossette frontale différente, les
côtés inférieurs du pronotum plus échancrés, la dépression discale
moins accentuée, la coloration générale un peu plus claire.

Tête finement granuleuse et ponctuée; front légèrement concave,
avec une fossette bien marquée, allongée, étroite et située au-dessus
de l'épistome. Pronotum très transversal, plus étroit en avant qu'en
arrière, la marge antérieure bisinuée avec le lobe médian avancé et
subanguleux, les côtés obliques en avant, arrondis vers le tiers
postérieur, légèrement échancrés vers la base, celle-ci fortement
bisinuée avec le lobe médian large, avancé et arqué; il est couvert
d'une ponctuation épaisse, assez dense et régulièrement espacée et
présente un large sillon médian peu prononcé et, de part et d'autre,
une profonde dépression sinueuse limitée extérieurement par une
carène crénelée, en forme d'S et subparallèle au bord, qui est aussi
crénelé. Écusson subcordiforme, élargi, déprimé au milieu. Élytres
chagrinés, irrégulièrement ponctués, sauf sur les bandes transversales qui sont finement granuleuses; ils sont de la largeur du pronotum à la base, obliquement tronqués à l'épaule, droits sur les
côtés et atténués de l'épaule au sommet suivant un arc peu pro-

noncé avec l'extrémité séparément arrondie; le disque est aplani, faiblement évidé entre la suture et une côte médiane bien marquée. Dessous granuleux et irrégulièrement ponctué; joues armées de part et d'autre d'une dent obtuse située sous les cavités antennaires; prosternum plan, granuleux, sa marge antérieure droite; pattes ponctuées.

Bahia : San Antonio da Barra (E. Gounelle).

Amorphosoma Gounellei nov. sp. — *Allongé, légèrement élargi au tiers supérieur, atténué à l'extrémité, d'un noir violacé brillant et couvert d'une vestiture grise formant, sur le sommet des élytres, des bandes onduleuses.* — Long., 10; larg., 2,5 mill.

Tête inégalement ponctuée; front profondément sillonné, le sillon limité postérieurement par deux tubercules très accentués, longeant la partie supérieure des yeux et séparés de ceux-ci par un sillon. Pronotum plus large que haut, déprimé sur le disque, où il présente une large fossette préscutellaire, surmontée d'une fossette plus petite que la première, les côtés déclives; la marge antérieure faiblement échancrée en arc avec l'angle supérieur aigu; les côtés arqués en avant avec l'angle postérieur obtus; la base fortement bisinuée avec le lobe médian avancé, large et faiblement échancré; il présente de part et d'autre, outre la dépression médiane, une profonde dépression latérale plus profonde au sommet qu'à la base et est couvert de petites rides sinueuses et parallèles. Écusson subcordiforme, très élargi. Élytres de la largeur du pronotum à la base, saillants à l'épaule avec le calus huméral très prononcé; le disque plan, les côtés fortement et le sommet légèrement déclives; ils sont sinueux sur les côtés à hauteur des hanches postérieures, élargis au tiers supérieur, ensuite atténués jusqu'au sommet qui est dentelé; ils présentent une granulation spéciale, simulant des écailles, sauf sur les bandes grises, dont le fond est finement pointillé. Dessous granuleux en avant, ponctué et brillant en arrière; prosternum plan, légèrement sillonné en avant et garni d'une large mentonnière échancrée au milieu; les côtés des segments abdominaux et du sternum garni d'une abondante efflorescence laineuse d'un blanc grisâtre; pattes ponctuées.

Minas Geraez : Caraça (E. Gounelle).

Amorphosoma apicale nov. sp. — *Allongé, convexe, légèrement élargi au tiers supérieur, atténué à l'extrémité, entièrement noir, sauf la tête qui est d'un bronzé clair, tout le corps couvert d'une vestiture grise très dense sur la partie supérieure des élytres et sur les segments abdominaux.* — Long., 7,5; larg., 2 mill.

Voisin de l'*Am. Gounellei* Kerr., qui précède, mais moins robuste, plus petit; les tubercules frontaux moins saillants, le

pronotum différemment impressionné, la vestiture grise plus dense
sur l'extrémité des élytres et les segments abdominaux; l'extrémité
des élytres arrondie.

Tête ponctuée et granuleuse, bituberculée en arrière, sillonnée
longitudinalement, inégalement bossuée en avant entre l'épistome
et les tubercules frontaux. Pronotum presque aussi haut que large,
couvert de petites rides sinueuses; la marge antérieure arquée avec
l'angle supérieur abaissé et aigu; les côtés arqués avec l'angle
postérieur obtus; la base bisinuée avec le lobe médian échancré en
arc; il est très inégalement bosselé entre un sillon médian longitudinal et deux vagues sillons transversaux, subparallèles et sensibles
seulement entre les tubercules. Écusson grand, en triangle curviligne. Élytres de la largeur du pronotum à la base; le calus huméral
très saillant à l'épaule et se prolongeant en une vague côte limitant
la partie antérieure du disque, qui est aplanie; les côtés sinueux à
hauteur des hanches postérieures, légèrement élargis au tiers
supérieur, ensuite atténués jusqu'au sommet, qui est séparément
arrondi et dentelé; ils sont granuleux, la granulation étant très
égale et plus rugueuse sur les parties dénudées que sur les parties
villeuses. Dessous granuleux; prosternum plan, sa mentonnière
faiblement échancrée au milieu; pattes ponctuées.

Minas Geraez : Caraça (E. Gounelle).

Amorphosoma jucundum nov. sp. — *Allongé, légèrement
élargi au tiers supérieur, atténué à l'extrémité; d'un noir bleuâtre
avec le front bronzé doré, les épaules rousses et l'extrémité pourprée;
les élytres ornés de bandes pubescentes grises, transversales, larges et
interrompues par des espaces arrondis et lisses, l'extrémité violacée ou
pourprée. Dessous noir, brillant, le sternum et les côtés des segments
abdominaux garnis d'une pubescence grise.* — Long., 11; larg.,
3 mill.

Tête irrégulièrement ponctuée, sillonnée longitudinalement,
quadrituberculée, les tubercules antérieurs plus espacés que les
postérieurs. Pronotum rugueux, couvert de rides semi-circulaires,
un peu plus large que haut, déprimé de part et d'autre sur les
côtés; le disque avec deux vagues fossettes superposées; la marge
antérieure bisinuée avec le lobe médian large, avancé et arrondi;
les côtés régulièrement arqués; la base fortement bisinuée avec
le lobe médian avancé et tronqué; carène postérieure saillante,
sinueuse, se perdant dans le contexture du pronotum vers le
milieu et n'atteignant pas la marge latérale; carène antérieure
sinueuse; carène inférieure droite, rejoignant l'antérieure vers le
milieu. Écusson large, finement granuleux, subcordiforme et très
acuminé à l'extrémité. Élytres un peu plus larges que le pronotum
et déprimés de part et d'autre à la base, sinueux sur les côtés à

hauteur des hanches postérieures, légèrement élargis et laissant à découvert, à hauteur des hanches postérieures, une portion latérale de la région supérieure du premier segment abdominal, atténués ensuite en ligne droite jusqu'au sommet qui est dentelé et séparément arrondi ; ils présentent une ponctuation assez forte et très dense, régulière et donnant à leur surface un aspect rugueux. Dessous moins rugueux que le dessus ; abdomen lisse, pattes finement ponctuées.

Amazones : S. Paolo d'Olivença (R. Oberthür, par M. de Mathan).

Amorphosoma undulatum nov. sp. — *Oblong, convexe, d'un noir bleuâtre et couvert d'une vestiture grise formant, sur les élytres, des bandes onduleuses plus nettes à l'extrémité que sur la région antérieure. — Long., 5,5 ; larg., 1,5 mill.*

Tête granuleuse, bituberculée entre les yeux, sillonnée longitudinalement ; front déprimé au-dessus de l'épistome, entre ce dernier et les tubercules frontaux. Pronotum convexe, granuleux, garni de petites rides sinueuses et parallèles ; la marge antérieure bisinuée avec le lobe médian très avancé et subanguleux ; les côtés obliquement tronqués en avant et en arrière, leur milieu légèrement échancré ; la base bisinuée avec le lobe médian avancé et arqué. Écusson en triangle allongé. Élytres de la largeur du pronotum et déprimés de part et d'autre à la base avec le calus huméral saillant ; les côtés sinueux à hauteur des hanches postérieures, légèrement élargis au tiers supérieur, ensuite atténués jusqu'au sommet qui est séparément arrondi et finement dentelé ; ils sont plus grossièrement chagrinés sur les parties dénudées que sur les bandes onduleuses grises. Dessous granuleux ; prosternum plan, sa mentonnière faiblement échancrée ; pattes ponctuées.

Minas Geraez : Caraça (E. Gounelle).

Amorphosoma luteum nov. sp. — *Entièrement noir et couvert d'une courte villosité soyeuse et jaunâtre formant sur les élytres, où elle est plus dense, des bandes sinueuses ; les côtés des élytres et le dessous garnis d'une abondante efflorescence boueuse d'un jaune clair. — Long., 8 ; larg., 3 mill.*

Tête inégale, couverte d'une ponctuation assez dense et de rides transversales et sinueuses ; front sillonné longitudinalement, le sillon traversé par deux lignes enfoncées superposées et transversales. Pronotum inégal, bossué, rugueux, couvert de rides concentriques dont le centre commun est situé au milieu du disque ; celui-ci très saillant ; la marge antérieure fortement bisinuée avec le lobe médian large, très avancé et arqué ; les côtés obliques ; la base bisinuée avec le lobe médian avancé et tronqué ; la marge latérale crénelée. Élytres très granuleux, déprimés de part et d'autre à la base, sinueux sur les côtés à hauteur des hanches postérieures, légèrement élargis au tiers supérieur, atténués ensuite suivant une courbe peu prononcée jusqu'au sommet; celui-ci séparément arrondi et dentelé. Dessous très granuleux et grossièrement ponctué.

Goyaz : Jatahy (Ch. Pujol).

Amorphosoma gibbicolle nov. sp. — *Allongé, le disque du pronotum très saillant, entièrement noir, sauf la tête et le pronotum qui sont bronzés, couvert, sur tout le corps, d'une villosité d'un gris blanchâtre, formant, sur les élytres, des bandes sinueuses.* — Long., 7 ; larg., 1,8 mill.

Tête chagrinée, ponctuée et profondément sillonnée dans toute sa longueur; épistome échancré, surmonté d'une fossette triangulaire, séparé du pronotum par une carène transversale. Pronotum rugueux, convexe, transversal; le disque élevé en saillie gibbeuse; la marge antérieure faiblement bisinuée, les côtés régulièrement arqués avec l'angle postérieur obtus; la base fortement bisinuée avec le lobe médian avancé et tronqué. Élytres très rugueux, plans au milieu, déclives sur les côtés, déprimés de part et d'autre à la base, sinueux sur les côtés à hauteur des hanches postérieures, légèrement élargis au tiers supérieur, dentelé de là jusqu'au sommet; celui-ci séparément arrondi. Dessous chagriné; pattes lisses, finement ponctuées.

Pernambuco : Serra de Communaty (E. Gounelle).

Amorphosoma minutum nov. sp. — *Allongé, convexe, atténué en arrière, d'un bleu foncé avec le front bronzé doré; le corps couvert d'une vestiture grise assez espacée, formant, sur le sommet des élytres, de vagues bandes onduleuses.* — Long., 4; larg., 0,8 mill.

Tête finement granuleuse et ponctuée; vertex faisant, au-dessus des yeux, une double saillie formée de deux pinceaux de poils raides; front impressionné au milieu. Pronotum convexe, granuleux, ponctué, garni de petites rides très peu accusées; la marge antérieure bisinuée avec le lobe médian avancé et subanguleux; les côtés arqués en avant, sinueux au milieu, obliquement tronqués en arrière; la base fortement bisinuée avec le lobe médian avancé et tronqué; une carène très sinueuse longe, de part et d'autre, la marge latérale. Écusson lisse, triangulaire. Élytres de la largeur du pronotum à la base avec le calus huméral peu saillant, sinueux sur les côtés à hauteur des hanches postérieures, ensuite atténués jusqu'au sommet, qui est séparément arrondi et très finement dentelé. Dessous granuleux; prosternum aplani, sa mentonnière faiblement échancrée; pattes brillantes, finement ponctuées.

Bahia : S. Antonio da Barra (E. Gounelle).

Amorphosternus cucullatus Gory, *Monogr. supp.*, t. 4 (1841), p. 272, pl. 45, fig. 266.

Rio : Tijuca (E. Gounelle).

Paragrilus crassus nov. sp. — *Assez grand, entièrement noir, mat en dessus, un peu plus brillant en dessous.* — Long., 6 ; larg., 1,3 mill.

Tête sillonnée, à ponctuation fine, très dense et régulière. Pronotum plus haut que large, un peu plus étroit en avant qu'en arrière, couvert de petites rides sinueuses et transversales, déprimé de part et d'autre sur les côtés, la marge antérieure fortement bisinuée avec le lobe médian avancé et arqué ; les côtés obliques en avant, légèrement arqués au milieu, sinueux vers la base avec l'angle postérieur légèrement saillant en dehors et aigu ; la base fortement bisinuée avec le lobe médian avancé et tronqué ; pas de carènes latérales. Écusson triangulaire. Élytres chagrinés, couverts de rides sinueuses, parallèles et transversales, déprimés de part et d'autre à la base, le calus huméral saillant et prolongé en une côte caréniforme n'atteignant pas la moitié antérieure ; la suture élevée ; les côtés sinueux à hauteur des hanches postérieures, légèrement élargis au tiers supérieur, atténués ensuite suivant une courbe peu prononcée et tronqués au sommet. Dessous moins rugueux que le dessus, finement ponctué.

Brésil (par Chevrolat).

Paragrilus major nov. sp. — *Assez grand ; tête et pronotum d'un bleu violacé ; élytres d'un violet pourpré, brillants ; dessous bronzé.* — Long., 4,7 ; larg., 1,2 mill.

Tête à granulation excessivement fine, couverte d'une ponctuation largement mais régulièrement espacée ; front sillonné. Pronotum aussi large que haut, un peu plus étroit en avant qu'en arrière, couvert de petites rides sinueuses et transversales peu accentuées ; largement déprimé de part et d'autre à la base, la dépression limitée intérieurement par une saillie allongée, celle-ci formée par la dépression latérale et par une autre dépression située de part et d'autre d'une saillie médiane, ces saillies situées sur le même plan que la partie antérieure du pronotum ; la marge antérieure bisinuée avec le lobe médian large, arqué, mais peu avancé ; les côtés régulièrement arqués en avant, droits en arrière avec l'angle postérieur un peu abaissé et aigu, subarrondi au sommet ; la base fortement bisinuée avec le lobe médian très avancé et arqué ; pas de carènes latérales. Écusson subcordiforme, élargi. Élytres rugueux, de la largeur du pronotum et déprimés de part et d'autre à la base, très sinueux sur les côtés à hauteur des hanches postérieures, élargis au tiers supérieur, ensuite atténués en ligne droite jusqu'au sommet; celui-ci tronqué; ils présentent de part et d'autre une carène droite, partant du calus huméral pour aboutir vers le milieu et la suture est élevée du sommet jusque vers l'écusson. Dessous lisse, à peine ponctué.

Minas Geraes : Caraça (E. Gounelle).

PARAGRILUS REICHEI Gory, *Monogr. suppl.*, t. 4 (1841), p. 263, pl. 44, fig. 257.

Pernambuco : Serra de Communaty (E. Gounelle).

Paragrilus credulus nov. sp. — *Assez grand, entièrement noir, les élytres légèrement violacés; la fossette du pronotum parfois à fond bronzé.* — Long., 4,3; larg., 1 mill.

Tête à ponctuation assez dense et très égale, sillonnée dans toute sa longueur. Pronotum plus haut que large, un peu plus étroit en avant qu'en arrière, couvert de petites rides sinueuses et transversales, sillonné de part et d'autre sur les côtés, plus près de la marge latérale que du milieu, le sillon légèrement recourbé; la marge antérieure bisinuée avec le lobe médian avancé et arqué; les côtés arqués en avant et droits en arrière avec l'angle postérieur presque droit; la base fortement bisinuée avec le lobe médian avancé et arqué; pas de carènes latérales. Écusson petit, triangulaire et élargi. Élytres chagrinés, déprimés de part et d'autre à la base, avec une côte peu accentuée partant du calus huméral pour aboutir vers le milieu; les côtés sinueux à hauteur des hanches postérieures, légèrement élargis au tiers supérieur, atténués ensuite en ligne droite jusqu'au sommet, celui-ci tronqué; suture élevée du sommet jusque vers la base. Dessous moins rugueux que le dessus, surtout sur l'abdomen.

Brésil : St-Paul; Goyaz : Jatahy (Ch. Pujol); Nouvelle-Grenade (La Ferté, par Chevrolat).

PARAGRILUS ÆNEIFRONS Kerr., *Ann. Soc. Ent. France*, 1896, p. 154.

Bahia : S. Antonio da Barra (E. Gounelle).

GERALIUS FURCIVENTRIS Chevr., *Silb. Rev. Ent.*, t. 5 (1837), p. 88.

Goyaz : Jatahy (Ch. Pujol).

AUTARCHONTES MUCOREUS Klug, *Ent. Bras.*, t. 2 (1827), p. 428, pl. 40, fig. 10.

Goyaz : Jatahy (Ch. Pujol).

AGRILUS TUBERCULATUS Klug, *Ent. Bras.* (1827), p. 9, pl. 10, fig. 10.

Goyaz : Jatahy (Ch. Pujol).

AGRILUS MANSUETUS Thoms., *Typ. Bupr.*, app. 1a (1879), p. 59.

Goyaz : Jatahy (Ch. Pujol).

Agrilus aurocephalus Gory, *Monogr. suppl.*, t. 4 (1841), p. 218, pl. 36, fig. 209.

Goyaz : Jataby (Ch. Pujol).

Agrilus Gounellei nov. sp. — *Robuste, convexe, atténué à l'extrémité, d'un noir velouté en dessus avec le front orangé, les côtés du pronotum et des bandes élytrales garnis d'une vestiture d'un gris jaunâtre et deux taches oranges sur la portion visible de la région supérieure du premier segment abdominal; dessous noir brillant à reflets irisés et garni d'une villosité d'un gris blanchâtre et soyeuse, très dense aux épipleures métathoraciques et à la base du premier et du troisième segment abdominal. — Long., 15; larg., 4,8 mill.*

Tête large; front aplani, légèrement concave, longitudinalement caréné. Pronotum plus large que haut; la marge antérieure arquée; les côtés faiblement arqués avec l'angle inférieur droit, la base bisinuée avec le lobe médian très large, avancé et tronqué; le disque plan, légèrement concave, et séparé des côtés par un bourrelet lisse, semicirculaire; les côtés déclives, creusés de part et d'autre et limités par une carène latérale sinueuse; carène inférieure moins sinueuse que la précédente. Écusson déprimé, subcordiforme, élargi en avant et très acuminé en arrière. Élytres très étroits, laissant à découvert une notable portion de la région supérieure et latérale du sternum et de l'abdomen; de la largeur du pronotum à la base, saillants à l'épaule à cause du calus huméral qui est oblique, très prononcé et se prolonge de façon à former une côte droite jusqu'au sommet; la partie comprise entre cette côte et la suture largement et peu profondément évidée; les côtés sinueux à hauteur des hanches postérieures, légèrement élargis au tiers supérieur, ensuite atténués jusqu'au sommet qui est dentelé et séparément arrondi; ils sont finement granuleux sur les parties villeuses et veloutés sur les autres. Dessous irrégulièrement ponctué, le milieu plus lisse que les côtés; prosternum aplani et granuleux; pattes finement ponctuées.

Bahia : S. Antonio da Barra (E. Gounelle).

Agrilus bifoveicollis nov. sp. — *Allongé, atténué à l'extrémité, noir en dessus, le pronotum et les élytres ornés de taches irrégulières, villeuses et d'un roux doré; dessous bronzé violacé, abdomen cuivreux et brillant. — Long., 8; larg., 1,8 mill.*

Tête rugueuse, irrégulièrement ponctuée, creusée entre les yeux, sillonnée en arrière, le sillon limité par deux lobes élevés; yeux intérieurement bordés d'un sillon; antennes à articles allongés, dépassant en longueur la moitié du pronotum. Celui-ci plus large que haut, profondément déprimé de part et d'autre sur les côtés, couvert de petites rides sinueuses; le disque avec deux fossettes superposées; la marge antérieure bisinuée avec le lobe médian médiocrement arqué; les côtés régulièrement arqués avec l'angle postérieur petit, légèrement saillant en dehors et aigu; la base fortement bisinuée avec le lobe médian avancé et faiblement échancré en arc; carène postérieure très arquée à la base, sinueuse ensuite et longeant l'antérieure à partir du milieu de la marge jusque vers le quart antérieur; carène antérieure sinueuse, entière; carène inférieure subparallèle à l'antérieure qu'elle rejoint un peu au delà de son milieu. Écusson large, convexe, elliptique, traversé par deux carènes parallèles et très rapprochées, acuminé à l'extrémité. Élytres de la largeur du pronotum et profondément déprimés de part et d'autre à la base, couverts de rugosités simulant des petites écailles excessivement rapprochées, sinueux sur les côtés à hauteur des hanches postérieures, légèrement élargis au tiers supérieur, atténués ensuite en ligne droite jusqu'au sommet qui est séparément arrondi, dentelé et à peine élargi en spatule; ils présentent de part et d'autre une côte longitudinale et médiane séparant de la déclivité latérale la région plane et un peu creuse du disque. Dessous finement granuleux; pattes à peine ponctuées.

Brésil (coll. Chevrolat).

Agrilus gilvopictus nov. sp. — *Allongé, légèrement élargi au tiers supérieur, atténué à l'extrémité, d'un bronzé clair en dessus, les élytres garnis de mouchetures abondantes d'un gris blanchâtre. Dessous d'un bronzé clair légèrement cuivreux au milieu, les côtés garnis de marbrures d'un blanc grisâtre.* — Long., 10-13; larg., 2-3 mill.

Tête rugueuse, creusée entre les yeux; antennes au moins aussi longues que le pronotum ♂, atteignant à peine la moitié de ce dernier ♀, à articles allongés et dentés à partir du cinquième. Pronotum plus large que haut, un peu plus étroit en avant qu'en arrière, rugueux et couvert de rides sinueuses, transversales et parallèles, largement et profondément impressionné sur le disque, déprimé de part et d'autre sur les côtés; la marge antérieure bisinuée avec le lobe médian avancé, large et peu arqué; les côtés un peu obliques en avant, arrondis en arrière avec l'angle postérieur un peu abaissé sur les épaules et obtus; la base fortement bisinuée avec le lobe médian large, avancé sur l'écusson et faiblement échancré en arc; carène postérieure très saillante et très arquée, rejoignant l'antérieure vers le milieu; carène antérieure sinueuse; carène inférieure subparallèle à l'antérieure et s'en rapprochant insensiblement vers la base. Écusson transversal, oblong et caréné transversalement à la base, très acuminé et très allongé au sommet. Élytres de la largeur du pronotum et déprimés de part et d'autre à la base, couverts de rugosités simulant des petites écailles irrégulières, sinueux sur les côtés à hauteur des hanches postérieures, très légèrement élargis au tiers supérieur, laissant à découvert la région latérale et dorsale du premier et du deuxième segment abdominal, depuis le sinus épipleural jusqu'au delà du tiers supérieur, atténués en ligne droite jusqu'au sommet qui est à peine élargi en spatule et dont la moitié extérieure est fortement dentelée et la moitié intérieure échancrée en quart de cercle, l'échancrure limitée intérieurement par une petite dent apicale et extérieurement par une forte dent médiane ; ils présentent, de part et d'autre, une côte longitudinale et médiane séparant de la déclivité latérale la région plane et légèrement creuse du disque. Dessous finement granuleux ; pattes à peine ponctuées.

Bahia : S. Antonio da Barra (E. Gounelle).

Le *facies* de cette espèce se rapproche beaucoup de celui des *Stenogaster*.

Agrilus carus nov. sp. — *Grand, allongé, peu convexe, les élytres élargis en spatule à l'extrémité, entièrement noir bleuâtre ou verdâtre en dessus, avec quelques reflets violacés sur les côtés du pronotum, sur l'écusson et à l'extrémité des élytres, ceux-ci ornés de bandes transversales grisâtres ; région supérieure des côtés de l'abdomen découverte et d'un cuivreux pourpré. Dessous noir, très brillant. —* Long., 15 ; larg., 3,7 mill.

Tête irrégulièrement ponctuée, creusée entre les yeux, l'épistome séparé du front par un sillon transversal ; front bituberculé en avant et en arrière ; antennes courtes, à articles transversaux, dentés à partir du quatrième. Pronotum plus large que haut, plus étroit en avant qu'en arrière, couvert d'une ponctuation irrégulièrement espacée ; le disque aplani, faiblement déprimé ; les côtés déclives, très rugueux et inégalement impressionnés ; la marge antérieure bisinuée avec le lobe médian avancé et arqué ; la marge latérale obliquement arquée en avant, arrondie au delà du milieu, sinueuse à la base avec l'angle postérieur obtus ; la base fortement bisinuée avec le lobe médian avancé et à peine échancré ; carène postérieure saillante et très arquée, sinueuse vers le sommet où elle rejoint l'antérieure ; carène antérieure très sinueuse ; carène inférieure arquée, très éloignée de la précédente en avant, et la rejoignant vers la base. Écusson plan, à peine déprimé, simulant un clou dont la tête, très grande, serait trapézoïdale. Élytres de la largeur du pronotum et déprimés de part et d'autre à la base, couverts d'une ponctuation irrégulière, très espacée, avec les parties villeuses finement granuleuses ; le calus huméral saillant ; les côtés sinueux à hauteur des hanches postérieures, élargis au tiers supérieur et laissant à découvert la région latérale et dorsale du premier segment abdominal, atténués ensuite en ligne droite jusqu'au sommet qui est brusquement élargi en spatule et dentelé, la dentelure interrompue au milieu par l'absence d'une dent, l'extrémité formant un vide anguleux sutural; ils sont plans, très légèrement évidés sur leur moitié intérieure et déclives sur l'extérieure avec une vague côte médiane. Dessous plus lisse que le dessus, surtout sur l'abdomen; pattes à peine ponctuées.

Amazones : Tarapote (R. Oberthur, par M. de Mathan).

AGRILUS PRODUCTUS Gory, *Monogr. supp.*, t. 4 (1841), p. 208, pl. 34, fig. 198.

Para : Marco da legua (E. Gounelle).

Agrilus canaliculicollis nov. sp. — *Petit, allongé, élargi en spatule à l'extrémité, entièrement noir, bleuâtre et brillant avec une moucheture blanchâtre vers l'extrémité de chaque élytre; tête bronzée. Dessous noir et très brillant.* — Long., 7; larg., 1,5 mill.

Tête lisse, à peine ponctuée, creusée entre les yeux; antennes à articles allongés, dentés à partir du cinquième. Pronotum lisse à peine ponctué, plus large que haut, longitudinalement sillonné au milieu, le sillon large, déprimé de part et d'autre sur les côtés; la marge antérieure fortement bisinuée avec le lobe médian avancé et arrondi; les côtés faiblement arqués avec l'angle postérieur légèrement abaissé et obtus; la base fortement bisinuée avec le lobe médian avancé, large et tronqué; carène postérieure courte, tuberculiforme, vaguement prolongée en arc vers l'antérieure; celle-ci sinueuse, éloignée de l'inférieure en avant et s'en rapprochant insensiblement vers la base. Écusson large, subcordiforme, acuminé au sommet. Élytres de la largeur du pronotum et déprimés de part et d'autre à la base, finement et régulièrement ponctués, la ponctuation très espacée; les côtés sinueux à hauteur des hanches postérieures, élargis au tiers supérieur, laissant à découvert une très minime portion dorsale des côtés du premier segment abdominal, atténués ensuite en ligne droite jusqu'au sommet, celui-ci brusquement élargi en spatule, séparément arrondi et régulièrement dentelé; une vague côte médiane part du calus huméral et sépare la région suturale, plane et légèrement creuse, de la région latérale qui est déclive. Dessous un peu rugueux en avant, presque lisse en arrière; pattes à peine ponctuées.

Brésil (par Chevrolat).

Agrilus parens nov. sp. — *Allongé, élargi en spatule à l'extrémité, verdâtre, brillant, l'extrémité d'un bleu d'acier; les élytres ornés, le long de la suture, de trois mouchetures blanches situées l'une à la base, la seconde au delà du milieu et la troisième à l'extrémité. Dessous lisse et brillant; antennes et tarses d'un bleu d'acier.* — Long., 10; larg., 2 mill.

Tête rugueuse, creusée entre les yeux, sillonnée et bituberculée vers le tiers supérieur du bord intérieur des yeux; antennes à

articles allongés, dentés à partir du cinquième. Pronotum presque
aussi large que haut, aussi large en avant qu'en arrière, couvert
de rides sinueuses et transversales, déprimé sur le disque et sur les
côtés ; la marge antérieure faiblement bisinuée ; les côtés arqués
avec l'angle postérieur obtus ; la base fortement bisinuée avec le
lobe médian avancé et tronqué ; carène postérieure saillante, très
arquée et rejoignant l'antérieure vers le milieu ; carène antérieure
sinueuse et rapprochée de l'inférieure qu'elle rejoint vers la base.
Écusson oblong et transversal en avant et très acuminé en arrière.
Élytres de la largeur du pronotum et déprimés de part et d'autre à
la base, couverts de rugosités simulant des petites écailles, sinueux
sur les côtés à hauteur des hanches postérieures, légèrement élargis
au tiers supérieur, ensuite atténués en ligne droite jusqu'au sommet ;
celui-ci brusquement élargi en spatule, dentelé extérieurement et
échancré intérieurement, l'échancrure limitée d'une part par deux
ou trois petites dents suturales et d'autre part par une forte dent
médiane ; ils sont vaguement évidés le long de la suture et déclives
sur les côtés. Dessous finement ridé, les rides transversales ; pattes
à peine ponctuées.

Brésil (par Chevrolat).

AGRILUS GRANULICOLLIS Cast. et Gory, *Monogr.*, t. 2 (1837), p. 29,
pl. 6, fig. 36.

Goyaz : Jatahy (Ch. Pujol).

AGRILUS LEUCOSTICTUS Klug., *Ent. Bras.* (1827), p. 9, pl. 40, fig. 8.

Goyaz : Jatahy (Ch. Pujol).

Agrilus pictus nov. sp. — *Pisciforme, allongé, d'un bronzé
obscur à reflets irisés en dessus, les élytres couverts de mouchetures
irrégulières, d'un roux doré, entremêlées de quelques petites taches
blanches ; dessous d'un bronzé pourpré brillant avec çà et là quelques
mouchetures blanches. — Long., 12,5 ; larg., 3 mill.*

Tête finement chagrinée ; front très excavé et longitudinalement
sillonné. Pronotum plus large que haut, un peu plus étroit en avant
qu'en arrière, le disque aplani, les côtés déclives ; la marge antérieure sinueuse avec le lobe médian avancé et arrondi ; les côtés
arqués avec l'angle postérieur obtus ; la base fortement bisinuée
avec le lobe médian avancé et tronqué ; carène postérieure saillante
et très arquée, rejoignant l'antérieure au delà de la jonction de
celle-ci avec l'inférieure ; carène antérieure très sinueuse et rejoignant l'inférieure vers le tiers de la base ; carène inférieure oblique,
légèrement sinueuse ; il est couvert de petites rides transversales,
sinueuses et parallèles et présente une profonde impression discale
avec deux fossettes médianes et, de part et d'autre, en deçà de la
carène postérieure, une impression irrégulière. Élytres de la largeur

du pronotum et profondément impressionnés de part et d'autre à la
base, la dépression limitée extérieurement par un fort calus huméral
qui se prolonge en une côte droite limitant un large mais peu profond sillon parallèle à la suture ; ils sont légèrement sinueux à
hauteur des hanches postérieures, de façon à laisser, visible en
dessus, une portion latérale et dorsale du sternum et de l'abdomen ;
très légèrement élargis au tiers supérieur, ensuite atténués jusqu'au
sommet qui se dilate de part et d'autre en spatule dentelée à l'extrémité. Dessous finement et irrégulièrement ponctué ; sternum aplani,
à mentonnière étroite, droite au milieu, obliquement tronquée sur
les côtés ; pattes finement pointillées ; extrémité du dernier segment
abdominal sillonnée le long du bord.

Bahia : S. Antonio da Barra (E. Gounelle).

Agrilus præcipuus nov. sp. — *Pisciforme, allongé, tête et pronotum bronzés, élytres d'un violacé obscur et brillant; dessous d'un
bronzé doré excessivement brillant.* — Long., 12 ; larg., 2,7 mill.

Tête chagrinée ; front déprimé, sillonné longitudinalement avec,
de part et d'autre, un tubercule arrondi, peu saillant, situé contre
le bord intérieur des yeux. Pronotum un peu plus large que haut,
plus étroit en avant qu'en arrière, garni de petites rides parallèles
et très sinueuses ; la marge antérieure sinueuse avec le lobe médian
avancé et arrondi ; les côtés faiblement arqués ; la base fortement
bisinuée avec le lobe médian avancé et tronqué ; carène postérieure
très arquée et sinueuse, rejoignant l'antérieure vers le tiers postérieur ; carène antérieure sinueuse ; carène inférieure droite et se
confondant avec l'antérieure vers le milieu des côtés ; il présente
une profonde dépression discale formée par deux fossettes situées
l'une au-dessus de l'autre et, de chaque côté, en deçà de la carène
postérieure, une dépression oblique. Écusson transversalement
caréné. Élytres de la largeur du pronotum et profondément impressionnés de part et d'autre à la base, la dépression limitée extérieurement par un calus huméral saillant qui se prolonge en une côte
droite limitant un large sillon qui longe la suture ; les côtés presque
droits, laissant à découvert une portion latérale de la région supérieure des segments abdominaux, s'amincissant graduellement
jusqu'au sommet qui s'élargit en spatule dentelée à l'extrémité ; ils
présentent une ponctuation irrégulière et leur marge latérale ainsi
que la suture sont lisses et légèrement élevées. Dessous finement
ponctué, beaucoup plus brillant que le dessus ; prosternum plan, sa
mentonnière peu accentuée et bisinuée ; pattes finement ponctuées.

Minas Geraez : Matusinhos (E. Gounelle).

Agrilus postulator nov. sp. — *Pisciforme, allongé, tête et pronotum bronzés; élytres d'un noir verdâtre avec la région suturale claire*

et légèrement dorée; dessous bleu foncé très brillant. — Long., 13,5;
larg., 3,2 mill.

Tête chagrinée; front déprimé avec une fossette préoccipitale, la
dépression limitée de part et d'autre par un bourrelet formant deux
tubercules longeant les yeux. Pronotum plus large que haut, plus
étroit en avant qu'en arrière, garni de rides parallèles et sinueuses;
la marge antérieure bisinuée avec le lobe médian large et peu prononcé; les côtés arqués; la base fortement bisinuée avec le lobe
médian avancé et échancré; carène postérieure nulle, remplacée par
un vague tubercule lisse; carène antérieure sinueuse; carène inférieure presque droite; il présente une profonde et large dépression
discale dans laquelle se remarquent deux fossettes médianes, situées
l'une à côté de l'autre et, de chaque côté, deux dépressions irrégulières limitées extérieurement par la carène antérieure. Écusson
subcordiforme, déprimé, acuminé au sommet. Élytres de la largeur
du pronotum et déprimés de part et d'autre à la base, évidés le long
de la suture; celle-ci lisse et élevée; les côtés légèrement sinueux à
hauteur des hanches postérieures où ils laissent apercevoir les côtés
de la région dorsale des segments abdominaux, légèrement élargis
au tiers supérieur, ensuite atténués jusqu'au sommet qui est séparément arrondi et très faiblement élargi en spatule; ils sont d'apparence lisse, sauf le long de la suture, où ils sont finement granuleux.
Dessous et pattes lisses, à peine ponctués.

Bahia : S. Antonio da Barra (E. Gounelle); St-Paul (Staudinger).

Agrilus credulus nov. sp. — *Allongé, peu convexe, d'un bronzé
verdâtre obscur en dessus avec l'extrémité des élytres bleue, bronzé
brillant en dessous et couvert d'une vestiture blanchâtre plus dense sur
le sternum que sur l'abdomen où elle forme une tache allongée de
chaque côté et à la base des trois derniers segments abdominaux.* —
Long., 14; larg., 3 mill.

Tête granuleuse, creusée dans toute sa longueur; front largement
impressionné; vertex sillonné. Pronotum plus haut que large, un
peu plus étroit en avant qu'en arrière, couvert de petites rides
sinueuses, transversales et parallèles, profondément déprimé au
milieu, la dépression formant deux fossettes superposées; la marge
antérieure bisinuée avec le lobe médian large, peu avancé et arqué;
les côtés régulièrement arqués et présentant une impression sinueuse
antérieure parallèle au bord; la base bisinuée avec le lobe médian
avancé et faiblement échancré; carène postérieure arquée en arrière,
sinueuse en avant où elle rejoint l'antérieure vers le milieu de celle-
ci; carène antérieure peu sinueuse; carène inférieure subparallèle
à l'antérieure et se rapprochant insensiblement de celle-ci pour la
rejoindre vers la base. Écusson cordiforme, sillonné transversalement. Élytres de la largeur du pronotum et profondément impres-

sionnés de part et d'autre à la base, l'impression limitée extérieurement par un calus huméral qui se prolonge en une vague côte
longitudinale limitant un large sillon longeant la suture ; celle-ci est
élevée ; les côtés sinueux à hauteur des hanches postérieures, où ils
laissent apercevoir une faible portion latérale de la région dorsale
des segments abdominaux, légèrement élargis au tiers supérieur,
atténués ensuite jusqu'au sommet qui est légèrement élargi en
spatule, séparément arrondi et dentelé à l'extrémité ; ils sont couverts d'une ponctuation fine et régulièrement espacée, sauf dans le
sillon, qui est finement granuleux. Dessous plus brillant et plus
lisse que le dessus, à ponctuation excessivement fine ; prosternum
chagriné, plan, sa mentonnière grande et arquée ; pattes lisses,
à peine ponctuées.

Rio : Tijuca (E. Gounelle).

AGRILUS SPINAMAJOR Chevr., *Silb. Rev.*, t. 5 (1837), p. 90.

Minas : Caraça (E. Gounelle).

AGRILUS ANGUINUS Dej., *Cat.*, 3ᵉ éd. (1838), p. 93 = SPINIGER Cast.
et Gory, *Monogr.*, t. 2 (1837), p. 10, pl. 2, fig. 10.

Bahia : S. Antonio da Barra ; Rio : Tijuca (E. Gounelle).

Agrilus utens nov. sp. — *Allongé, convexe en dessus, élargi en
spatule à l'extrémité ; tête verdâtre en avant et pourprée en arrière ;
pronotum bleu à reflets pourprés ; élytres obscurs, verdâtres à reflets
pourprés, l'extrémité et de part et d'autre deux mouchetures villeuses
et d'un roux doré très brillant. Dessous cuivreux, pourpré sur les
côtés de l'abdomen et bleuâtre sur ceux du sternum ; pattes d'un bronzé
clair et très brillant.* — Long., 10 ; larg., 1,8 mill.

Tête finement et régulièrement ponctuée, la ponctuation assez
espacée, front impressionné en avant, sillonné en arrière, la
dépression garnie d'une villosité dorée ; antennes à articles allongés,
dentés à partir du quatrième. Pronotum plus large que haut et un
peu plus large en avant qu'en arrière, couvert de rides sinueuses et
transversales, sillonné longitudinalement au milieu, déprimé de part
et d'autre sur les côtés ; la marge antérieure bisinuée avec le lobe
médian avancé et arqué ; les côtés droits en avant, arqués au milieu,
sinueux en arrière ; la base fortement bisinuée avec le lobe médian
avancé et tronqué ; carène postérieure saillante et arquée, rejoignant l'antérieure au delà de sa jonction avec l'inférieure ; carène
antérieure sinueuse ; carène inférieure presque droite, faiblement
arquée, se rapprochant insensiblement de l'antérieure pour la
rejoindre vers le quart de la base. Écusson transversalement caréné,
oblong en avant et très acuminé en arrière. Élytres de la largeur du
pronotum et profondément impressionnés de part et d'autre à la
base, couverts de petites rides transversales et de rugosités irrégu-

lières simulant des écailles, sinueux sur les côtés à hauteur des hanches postérieures et laissant à découvert une très faible portion latérale de la région dorsale des segments abdominaux, légèrement élargis au tiers supérieur, atténués ensuite en ligne droite jusqu'au sommet qui est élargi en spatule et armé de dents dont la médiane est plus accentuée que les autres ; ils sont largement et peu profondément évidés le long de la suture, l'évidement limité extérieurement par une vague côte longitudinale. Dessous plus lisse et plus brillant que le dessus, surtout sur l'abdomen ; pattes finement ponctuées.

Goyaz : Jatahy (Ch. Pujol).

Agrilus probus nov. sp. — *Allongé, peu convexe, très légèrement élargi en spatule à l'extrémité, d'un bronzé rougeâtre et brillant, les élytres garnis de part et d'autre de cinq taches formées par une villosité d'un roux doré et situées : quatre, superposées, le long de la suture et la cinquième contre la marge latérale extérieure, vers le quart supérieur. Dessous brillant, moins rugueux que le dessus. —* Long., 11 ; larg., 2,5 mill.

Tête granuleuse et ponctuée, sillonnée dans toute sa longueur, le sillon coupé, au milieu du front, par un autre sillon courbe et peu accentué ; antennes courtes, à articles globulaires, peu allongés. Pronotum plus large que haut, couvert de rides sinueuses et transversales, impressionné de part et d'autre sur les côtés et déprimé sur le disque, la dépression discale formée par deux vagues fossettes superposées ; la marge antérieure à peine sinueuse ; les côtés arqués en avant et sinueux en arrière avec l'angle postérieur légèrement saillant en dehors et aigu ; carène postérieure arquée, rejoignant l'antérieure au-dessus de la jonction de celle-ci avec l'inférieure ; carène antérieure faiblement sinueuse ; carène inférieure presque droite, rejoignant insensiblement l'antérieure pour se confondre avec elle vers la base. Écusson caréné transversalement, oblong en avant, très acuminé en arrière. Élytres de la largeur du pronotum et déprimés de part et d'autre à la base, sinueux sur les côtés à hauteur des hanches postérieures, élargis au tiers supérieur, atténués ensuite en ligne droite jusqu'au sommet qui est séparément arrondi, dentelé et légèrement élargi en spatule ; ils sont évidés le long de la suture et déclives sur les côtés. Dessous finement granuleux en avant et presque lisse en arrière ; pattes à peine ponctuées.

Venezuela (Staudinger).

AGRILUS FLAVEOLUS Cast. et Gory, *Monogr.*, t. 2 (1837), p. 25, pl. 5, fig. 30.

Goyaz : Jatahy (Ch. Pujol).

Agrilus electus nov. sp. — *Allongé, peu convexe, d'un noir terne légèrement violacé en dessus, couvert, dans les dépressions thoraciques et le long du sillon sutural des élytres, d'une villosité d'un gris brunâtre ; front, dessous et pattes d'un bronzé brillant, et couvert d'une villosité grise, plus dense sur le sternum et le long de la base des segments abdominaux que sur le restant du corps.* — Long., 10,5 ; larg., 2,25 mill.

Tête inégalement bossuée, le front transversalement sillonné, le sillon limitant quatre vagues tubercules irréguliers ; vertex sillonné longitudinalement. Pronotum un peu plus large que haut, garni de rides sinueuses, parallèles et transversales, profondément impressionné de part et d'autre sur les côtés, le disque déprimé, la dépression formant un sillon traversant deux fossettes situées l'une au-dessus de l'autre, l'inférieure étroite et allongée, la supérieure transversale ; la marge antérieure bisinuée avec le lobe médian avancé et arrondi ; les côtés régulièrement et assez fortement arqués ; la base fortement bisinuée avec le lobe médian avancé et tronqué ; carène postérieure arquée, ne rejoignant pas l'antérieure et se perdant dans la dépression latérale vers le milieu des côtés ; carène antérieure sinueuse, surmontée d'une petite carène arquée située dans l'angle supérieur ; carène inférieure presque droite, moins accentuée que l'antérieure et n'atteignant pas celle-ci au sommet. Écusson subcordiforme, vaguement impressionné. Élytres de la largeur du pronotum et impressionnés de part et d'autre à la base avec le calus huméral saillant, couverts de rugosités simulant des écailles, légèrement évidés le long de la suture ; sinueux sur les côtés à hauteur des hanches postérieures de façon à laisser visible la région latérale et dorsale des segments abdominaux ; légèrement élargis au tiers supérieur, ensuite atténués en ligne droite jusqu'au sommet qui est obliquement tronqué sur les côtés et échancré au milieu, et armé de dents inégales, assez fortes. Dessous plus brillant et moins rugueux que le dessus ; sternum granuleux et plan ; sa mentonnière peu accusée ; pattes finement ponctuées.

Bahia : S. Antonio da Barra (E. Gounelle).

Agrilus dichrous nov. sp. — *Allongé, cunéiforme, d'un bronzé obscur et brillant.* — Long., 11 ; larg., 1,8 mill.

Tête rugueuse, couverte de petites rides transversales, sillonnée dans toute sa longueur, creusée entre les yeux ; antennes à articles allongés ; dentées à partir du quatrième. Pronotum presque aussi haut que large, couvert de petites rides sinueuses et transversales, largement et peu profondément impressionné au milieu, déprimé de part et d'autre sur les côtés ; la marge antérieure faiblement bisinuée ; les côtés régulièrement arqués ; la base fortement bisinuée avec le lobe médian large, avancé et tronqué ; carène postérieure saillante,

très arquée et rejoignant l'antérieure vers le milieu des côtés ; carène
antérieure sinueuse ; carène inférieure moins accentuée que la précédente, subparallèle à celle-ci et s'en rapprochant insensiblement,
pour la rejoindre vers la base. Partie antérieure de l'écusson quadrangulaire, transversal, avec deux sillons parallèles à la base et
limitant une carène médiane, le sommet très acuminé. Élytres de
la largeur du pronotum et déprimés de part et d'autre à la base,
couverts de rugosités simulant des petites écailles et des petites rides
irrégulières, régulièrement atténués de la base au sommet suivant
une ligne peu sinueuse, très faiblement élargis en spatule à l'extrémité et armés de part et d'autre de trois dents égales ; ils sont largement évidés le long de la suture. Dessous finement ponctué, plus
brillant que le dessus, couvert de petites raies sinueuses à peine
sensibles.

Brésil (par Chevrolat).

Agrilus rarus nov. sp. — *Allongé, assez convexe, entièrement
bleu à reflets pourprés en dessus, extrémité des élytres pourprée, ces
derniers ornés de taches et de bandes onduleuses d'un gris cendré ;
dessous d'un bronzé violacé très brillant et couvert, sur le sternum et
sur les côtés des segments abdominaux, d'une courte vestiture grise ;
pattes violacées.* — Long., 10 ; larg., 2 mill.

Tête finement granuleuse, sillonnée dans toute sa longueur, le
sillon coupé transversalement par un autre limitant ainsi quatre
élévations peu prononcées. Pronotum presque aussi haut que large,
garni de rides transversales, sinueuses et parallèles, profondément
impressionnés de part et d'autre sur les côtés, le disque déprimé,
la dépression formée par deux fossettes superposées ; la marge
antérieure faiblement bisinuée ; les côtés arqués avec l'angle postérieur aigu et légèrement saillant en dehors ; la base fortement
bisinuée avec le lobe médian avancé et faiblement échancré ; carène
postérieure arquée et rejoignant l'antérieure vers le milieu des
côtés ; carène antérieure arquée en avant et presque droite en
arrière ; carène inférieure subparallèle à la suivante et ne l'atteignant pas au sommet. Écusson caréné transversalement. Élytres de
la largeur du pronotum et largement impressionnés de part et d'autre
à la base ; le calus huméral saillant ; le disque aplani, le sommet
légèrement évidé le long de la suture ; toute leur surface, sauf les
parties villeuses, couverte de rugosités simulant des petites écailles ;
les parties villeuses finement granuleuses dans leur fond, et formant
sur chaque élytre, une tache sinueuse longeant la base ; une petite
tache arrondie, vers le tiers antérieur, contre la suture, une bande
médiane formant une ligne mixte, semicirculaire contre la suture
et droite sur le côté, située au milieu, une tache onduleuse oblique
préapicale et enfin une petite tache apicale ; les côtés sinueux à

hauteur des hanches postérieures, de façon à laisser voir une très faible portion de la région dorsale et latérale du premier segment abdominal; élargis au tiers supérieur, ensuite brusquement atténués en ligne droite jusqu'au sommet qui est obliquement tronqué intérieurement et extérieurement sur chaque élytre et armé de dents dont la médiane est la plus accentuée et séparée de deux petites dents apicales par une faible échancrure inerme. Dessous beaucoup plus lisse et plus brillant que le dessus; pattes très finement ponctuées.

Minas Geraez : Caraça (E. Gounelle).

Agrilus unicus nov. sp. — *Allongé, peu convexe, tête et pronotum d'un noir verdâtre, élytres d'un violacé obscur et ornés, dans le sillon sutural, d'une bande pubescente dorsale d'un gris cendré et de deux taches de même nature, l'une postmédiane et l'autre préapicale; dessous d'un bronzé pourpré et brillant, couvert sur le sternum et à la base des segments abdominaux d'une vestiture blanche.* — *Long., 8,5; larg., 1,6 mill.*

Tête granuleuse, sillonnée longitudinalement. Pronotum plus haut que large, garni de rides sinueuses et transversales, impressionné de part et d'autre sur les côtés, le disque aplani et déprimé au milieu, la dépression formée par deux vagues fossettes superposées; la marge antérieure bisinuée avec le lobe médian largement arrondi et peu avancé; les côtés arqués en avant et sinueux en arrière avec l'angle postérieur petit, aigu et légèrement saillant en dehors; la base fortement bisinuée avec le lobe médian avancé et tronqué; carène postérieure arquée et rejoignant l'antérieure un peu avant le milieu de celle-ci; carène antérieure légèrement sinueuse et subparallèle à l'inférieure, qu'elle rejoint insensiblement vers le quart de la base. Écusson caréné transversalement. Élytres de la largeur du pronotum et impressionnés de part et d'autre à la base, évidés le long de la suture, couverts de rugosités simulant des petites écailles, sinueux sur les côtés à hauteur des hanches postérieures de façon à laisser apercevoir une faible portion latérale et dorsale du premier segment abdominal, légèrement élargis au tiers supérieur, atténués ensuite en ligne droite jusqu'au sommet qui est tronqué, avec de part et d'autre une forte dent médiane et quelques petites dents latérales et apicales. Dessous plus brillant que le dessus, surtout sur l'abdomen; pattes finement ponctuées.

Pernambuco : Serra de Communaty (E. Gounelle).

Agrilus Oberthuri nov. sp. — *Grand, allongé, peu convexe, subcunéiforme, d'un bronzé obscur en dessus, la tête, les côtés du pronotum, les épipleures métathoraciques et les côtés de la région supérieure et découverte des segments abdominaux garnis d'une efflores-*

cence rousse. Dessous d'un bronzé clair et très brillant. — Long., 13,5; larg., 3,5 mill.

Tête ponctuée, sillonnée dans toute sa longueur, couverte en avant d'une pubescence rousse laissant un espace bifurqué et glabre; antennes à articles allongés, dentés à partir du quatrième. Pronotum plus large que haut, un peu plus étroit en avant qu'en arrière, couvert de petites rides sinueuses et transversales, largement sillonné au milieu et déprimé de part et d'autre sur les côtés; la marge antérieure tronquée; les côtés faiblement arqués avec l'angle postérieur un peu abaissé sur les épaules et aigu; la base fortement bisinuée avec le lobe médian large, très avancé sur l'écusson et tronqué. Écusson grand, déprimé, en triangle très allongé à côtés légèrement courbes, très acuminé au sommet; carène postérieure courte, peu arquée, très rapprochée de l'antérieure; celle-ci sinueuse, plus accentuée que l'inférieure qui est arquée en avant et dont elle est très éloignée jusqu'au quart inférieur, où elle la rejoint. Élytres de la largeur du pronotum et obliquement déprimés de part et d'autre à la base, presque lisses, à ponctuation excessivement fine et régulièrement espacée, les côtés sinueux à hauteur des hanches postérieures et laissant à découvert la portion latérale de la région supérieure des segments abdominaux 1 et 2, légèrement élargis au tiers supérieur, ensuite atténués en ligne droite jusqu'au sommet où ils sont très légèrement dilatés en dehors et armés de part et d'autre de trois fortes dents dont la médiane est plus accentuée que les deux autres, ils sont largement évidés le long de la suture avec la moitié extérieure déclive. Dessous finement granuleux, couvert de petites rides transversales; pattes faiblement ponctuées.

Ega : Teffe (M. de Mathan, par R. Oberthür).

Agrilus verutus nov. sp. — *Allongé, peu convexe, atténué à l'extrémité, d'un vert sombre en dessus avec la tête et l'extrémité cuivreuses, la région latérale et dorsale des segments abdominaux et une bande longeant la suture, celle-ci souvent interrompue vers le milieu, garnies d'une vestiture roussâtre. Dessous noir, brillant, très légèrement verdâtre avec, de part et d'autre, une bande longitudinale allant du mésosternum à l'extrémité de l'abdomen et formée d'une vestiture blanche.* — Long., 10; larg., 2 mill.

Tête rugueuse, irrégulièrement ponctuée, creusée dans toute sa longueur, avec quatre vagues tubercules frontaux lisses, le sillon garni d'une villosité jaunâtre; antennes médiocres, dentées à partir du quatrième article. Pronotum un peu plus large que haut, couvert de rides transversales, déprimé longitudinalement au milieu et sur les côtés; la marge antérieure à peine bisinuée; les côtés arqués, légèrement sinueux vers la base avec l'angle postérieur un peu saillant en dehors et aigu ; la base fortement bisinuée avec le lobe médian avancé, large et tronqué ; carène postérieure arquée, rejoignant l'antérieure vers le milieu des côtés ; carène antérieure peu sinueuse et subparallèle à l'inférieure qui la rejoint insensiblement vers la base. Écusson sillonné transversalement, la partie antérieure formant un versant incliné vers le pronotum, le sommet très acuminé. Élytres de la largeur du pronotum et déprimés de part et d'autre à la base, la dépression formant le prolongement antérieur d'un large sillon longeant la suture ; couverts, hors du sillon sutural, de petites rugosités transversales ; presque droits sur les côtés de la base au sommet ; celui-ci à peine élargi, séparément arrondi et fortement dentelé. Dessous finement granuleux, irrégulièrement ponctué.

Goyaz : Jatahy (Ch. Pujol).

Agrilus prolixus nov. sp. — *Étroit, allongé, peu convexe, atténué à l'extrémité, tête bronzée, pronotum noir verdâtre, élytres d'un violacé obscur ; dessous bronzé terne et couvert d'une courte vestiture grisâtre, les côtés du pronotum et une bande longeant la suture, sur chaque élytre, d'un gris jaunâtre.* — Long., 6,6 ; larg., 1 mill.

Tête finement granuleuse ; front aplani ; vertex sillonné ; antennes médiocres, dentées à partir du quatrième article ; ceux-ci écourtés. Pronotum plus haut que large, un peu plus large en avant qu'en arrière, couvert de petites rides sinueuses et transversales, déprimé longitudinalement au milieu, la dépression formée par deux vagues fossettes superposées, impressionné de part et d'autre sur les côtés ; la marge antérieure bisinuée avec le lobe médian avancé et arqué ; les côtés faiblement arqués en avant et subsinueux en arrière ; la base bisinuée avec le lobe médian faiblement échancré en arc ; carène postérieure peu arquée, rapprochée de l'antérieure et la rejoignant vers le milieu ; carène antérieure sinueuse et subparallèle à l'inférieure qui la rejoint au delà de sa jonction avec la postérieure. Écusson caréné transversalement et très acuminé au sommet. Élytres de la largeur du pronotum et déprimés de part et d'autre à la base, couverts de rugosités simulant des petites écailles ; à peine sinueux sur les côtés à hauteur des hanches postérieures, laissant à découvert la région latérale et dorsale des deux premiers segments abdominaux, légèrement élargis au tiers supérieur, atténués ensuite en ligne droite jusqu'au sommet qui est acuminé et armé, de part et d'autre, d'une forte épine et de quelques très petites dents suturales. Dessous finement granuleux ; pattes à peine ponctuées.

Pernambuco : Serra de Communaty (E. Gounelle) ; Goyaz : Jatahy (Ch. Pujol).

Agrilus pinguis nov. sp. — *Allongé, convexe, tête pourprée, pronotum d'un noir verdâtre, élytres d'un bronzé cuivreux obscur avec le disque bleuâtre, une bande longitudinale sur le disque, une bande préapicale transversale et un point allongé apical, le tout formé d'une courte vestiture d'un gris blanchâtre; dessous bronzé cuivreux très brillant avec une tache blanche, de part et d'autre, à la base du deuxième segment abdominal.* — Long., 8; larg., 2 mill.

Tête peu convexe, garnie de rides sinueuses longitudinales et sillonnée dans toute sa longueur. Pronotum peu convexe, un peu plus large que haut, rectangulaire, garni de petites rides sinueuses, parallèles et transversales, avec, de part et d'autre, sur les côtés une profonde dépression et, sur le disque, deux vagues fossettes médianes placées l'une au-dessus de l'autre; la marge antérieure bisinuée avec le lobe médian large, peu avancé et arqué; les côtés faiblement arqués en avant et sinueux en arrière avec l'angle postérieur aigu; la base fortement bisinuée avec le lobe médian tronqué; carène postérieure peu arquée, rejoignant l'antérieure vers le tiers inférieur; carène antérieure presque droite; carène inférieure peu accusée et subparallèle à la précédente. Écusson très transversal, acuminé au sommet. Élytres de la largeur du pronotum et déprimés de part et d'autre à la base; couverts de rugosités simulant des petites écailles; le calus huméral saillant, le disque aplani, les côtés sinueux à hauteur des hanches postérieures, laissant à découvert une portion saillante en dehors de la région supérieure du premier segment abdominal, élargis au tiers supérieur, atténués ensuite en ligne droite jusqu'au sommet qui est tronqué et armé de part et d'autre de trois dents aiguës dont la médiane est plus forte que les deux autres et dont l'interne, ou suturale, est géminée. Sternum rugueux; abdomen et pattes lisses, à ponctuation fine et très espacée.

Pernambuco : Serra de Communaty (E. Gounelle).

Agrilus volucer nov. sp. — *Allongé, peu convexe, atténué à l'extrémité, tête, pronotum et écusson d'un cuivreux brillant, élytres d'un noir terne ornés de part et d'autre d'une moucheture allongée, préapicale, d'un gris jaunâtre; dessous noir brillant, les côtés du sternum, ceux du deuxième segment abdominal ainsi que la partie visible en dessus de la région dorsale garnis d'une vestiture d'un gris jaunâtre.* — Long., 8; larg., 1,3 mill.

Tête convexe, faiblement sillonnée dans toute sa longueur et garnie de rugosités simulant des petites écailles. Pronotum presque aussi large que haut, un peu plus étroit en arrière qu'en avant, garni de petites rides sinueuses et transversales; la marge antérieure bisinuée avec le lobe médian large, très avancé et suban-

guleux ; les côtés arrondis et dilatés en avant et sinueux en arrière
avec l'angle inférieur droit ; la base fortement bisinuée avec le bobe
médian largement arqué ; carène postérieure peu prononcée,
arquée, et se confondant peu à peu dans la structure thoracique ;
carène antérieure sinueuse, parallèle à l'inférieure. Écusson caréné
transversalement. Élytres de la largeur du pronotum et impressionnés de part et d'autre à la base, couverts de rugosités simulant
des petites écailles, vaguement évidés le long de la suture ; les côtés
à peine sinueux à hauteur des hanches postérieures et laissant voir
une très faible portion de la région dorsale du premier segment
abdominal, très légèrement élargis au tiers supérieur, ensuite atténués jusqu'au sommet qui est légèrement acuminé et séparément
arrondi. Dessous rugueux, les rugosités simulant des petites
écailles ; pattes ponctuées.

Rio : Tijuca (E. Gounelle).

Agrilus votus nov. sp. — *Allongé, convexe, d'un vert sombre
en dessus, la région supérieure des élytres sombre avec, de part et
d'autre, une tache quadrangulaire allongée et dorsale grisâtre et deux
bandes préapicales, parallèles et transversales de même nuance ;
antennes et dessous bronzé cuivreux, ce dernier garni d'une vestiture
blanche, abondante et serrée.* — Long., 6,5 ; larg., 1,3 mill.

Tête finement granuleuse ; front aplani ; vertex sillonné ; antennes
allongées. Pronotum un peu plus haut que large, garni de petites
rides sinueuses et transversales, avec une vague fossette médiane et
discale ; la marge antérieure bisinuée avec le lobe médian peu
avancé et arqué ; les côtés régulièrement arqués avec un petit angle
basilaire saillant en dehors ; la base fortement bisinuée avec le lobe
médian avancé et tronqué ; carène postérieure peu accentuée, mais
très grande, très arquée jusqu'à sa rencontre avec l'antérieure dans
l'angle supérieur ; carène antérieure sinueuse ; carène inférieure
subparallèle à la précédente et la rejoignant un peu au delà de sa
moitié. Écusson caréné transversalement. Élytres de la largeur du
pronotum et impressionnés de part et d'autre à la base, couverts de
rugosités simulant des petites écailles, sinueux sur les côtés à
hauteur des hanches postérieures et laissant apercevoir une très
faible portion de la région latérale et supérieure du premier segment abdominal, légèrement élargis au tiers supérieur, atténués
ensuite en ligne droite jusqu'au sommet, qui est dentelé et séparément arrondi. Dessous finement granuleux ; pattes ponctuées.

Pernambuco : Serra de Communaty (E. Gounelle*).*

Agrilus lætabilis nov. sp. — *Allongé, atténué à l'extrémité ;
tête d'un cuivreux pourpré, pronotum d'un violacé pourpré, élytres
noirs, garnis de part et d'autre de trois taches allongées grisâtres,*

*situées l'une sous l'autre le long de la suture; dessous noir, abdomen
et pattes bronzés, les quatre derniers segments abdominaux garnis de
part et d'autre d'une tache grisâtre.* — Long., 6; larg., 1,2 mill.

Tête granuleuse, à ponctuation régulièrement espacée; front
aplani, à peine sillonné. Pronotum un peu plus haut que large,
garni de petites rides sinueuses et transversales, à peine déprimé
sur le disque, profondément impressionné de part et d'autre sur les
côtés; la marge antérieure bisinuée avec le lobe médian avancé et
arrondi; les côtés faiblement arqués en avant et sinueux en arrière
avec l'angle postérieur avancé; la base fortement bisinuée avec le
lobe médian avancé et tronqué; carène postérieure sinueuse, peu
arquée et rejoignant l'antérieure vers le tiers antérieur; carène
antérieure sinueuse; carène inférieure subparallèle à l'antérieure
et la rejoignant vers le tiers postérieur, au delà de sa jonction avec
la postérieure. Écusson caréné transversalement. Élytres de la
largeur du pronotum et impressionnés de part et d'autre à la base,
garnis de rugosités simulant des petites écailles, sinueux sur les
côtés à hauteur des hanches supérieures avec la région dorsale peu
visible sur les côtés, élargis au tiers supérieur, ensuite atténués en
ligne droite jusqu'au sommet, qui est séparément arrondi et fortement dentelé. Dessous finement granuleux; pattes ponctuées.

Minas Geraez : Caraça (E. Gounelle).

Agrilus quietus nov. sp. — *Assez grand, allongé, peu convexe,
légèrement élargi au tiers supérieur, atténué à l'extrémité, d'un noir
bleuâtre en dessus, les élytres garnis, le long de leur moitié intérieure,
d'une villosité rousse, plus dense dans la dépression basilaire que sur
le disque; dessous bleu noirâtre, brillant, les côtés du sternum et des
deux premiers segments abdominaux couverts d'une abondante efflorescence jaunâtre.* — Long., 12,5; larg., 2,6 mill.

Tête granuleuse, sillonnée dans toute sa longueur; front bituberculé; antennes courtes, les articles dentés à partir du quatrième et
très transversaux. Pronotum plus large que haut, granuleux, profondément impressionné sur le disque et sur les côtés; l'impression
discale formée par deux fossettes superposées, les latérales irrégulières, larges à la base, atténuées au sommet; la marge antérieure
presque droite; les côtés arqués; la base bisinuée avec le lobe
médian avancé et tronqué; carène postérieure saillante, très arquée
à la base, rejoignant l'antérieure vers le milieu; carène antérieure
sinueuse, tranchante; carène inférieure nulle. Pronotum transversal, oblong, quadrangulaire et caréné en avant, acuminé au
sommet. Élytres de la largeur du pronotum et déprimés de part et
d'autre à la base, chagrinés, largement et profondément sillonnés le
long de la suture, sinueux sur les côtés à hauteur des hanches postérieures et laissant à découvert une portion latérale de la région

supérieure du premier segment abdominal, légèrement élargis au tiers supérieur, atténués ensuite en ligne droite jusqu'au sommet qui est largement et profondément échancré en arc de part et d'autre, l'échancrure limitée extérieurement par une forte épine saillante en dehors. Dessous lisse, à peine ponctué.

Brésil (Chevrolat, par Thorey).

Agrilus gaudens nov. sp. — *Assez large, peu convexe, très atténué à l'extrémité, tête et pronotum noirs à reflets cuivreux; élytres noirs avec l'extrémité pourprée et couverts de bandes très sinueuses formées par une villosité grise. Dessous noir à légers reflets pourprés.* — Long., 7,5; larg., 2 mill.

Tête granuleuse; front aplani, à peine déprimé; vertex sillonné et bituberculé; antennes dentées à partir du quatrième article, les articles dentés, transversaux. Pronotum plus large que haut, couvert de rides sinueuses et transversales, déprimé sur le disque et de part et d'autre sur les côtés, la dépression discale formant deux fossettes superposées, peu profondes, dont l'inférieure est plus grande que la supérieure; la marge antérieure bisinuée avec le lobe médian arrondi et peu avancé; les côtés arqués en avant, sinueux vers la base avec l'angle inférieur petit, aigu et légèrement saillant en dehors; la base bisinuée avec le lobe médian avancé et faiblement échancré en arc; carène postérieure très arquée et rejoignant l'antérieure au delà du milieu; carène antérieure peu sinueuse, subparallèle à l'inférieure et assez rapprochée de celle-ci qu'elle rejoint vers le quart de la base. Écusson large, subcordiforme. Élytres de la largeur du pronotum et déprimés de part et d'autre à la base, chagrinés et couverts de petites rugosités simulant des écailles, présentant de part et d'autre une très vague côte longitudinale n'atteignant ni le sommet ni la base; sinueux sur les côtés à hauteur des hanches postérieures et laissant à découvert la région dorsale et latérale des segments abdominaux, légèrement élargis au tiers supérieur, atténués ensuite en ligne concave jusqu'au sommet qui est largement échancré de part et d'autre, l'échancrure limitée extérieurement par une forte dent saillante en dehors et intérieurement par une très petite dent suturale. Dessous granuleux et chagriné en avant, couvert en arrière de petites rugosités simulant des écailles; pattes finement ponctuées.

Brésil (Thorey, par Chevrolat).

Agrilus inflatus nov. sp. — *Allongé, convexe, la région supérieure des segments abdominaux très élargie, l'extrémité très acuminée, d'un vert bronzé en dessus; la région antérieure des élytres le long de la suture et une tache située vers le tiers supérieur garnies d'une villo-*

sité d'un gris roussâtre; dessous noir brillant. — Long., 7,5;
larg., 1,5 mill.

Tête rugueuse et irrégulièrement ponctuée, sillonnée dans toute
sa longueur; antennes courtes, à articles globulaires dentés à partir
du quatrième. Pronotum un peu plus haut que large, couvert de
petites rides sinueuses et transversales, déprimé sur le disque et de
part et d'autre sur les côtés, la dépression discale formant deux
vagues fossettes superposées; la marge antérieure bisinuée avec le
lobe médian avancé et subanguleux; les côtés arqués avec l'angle
postérieur un peu abaissé, à peine saillant en dehors et aigu; la
base fortement bisinuée avec le lobe médian avancé et subéchancré;
carène postérieure très arquée en arrière, longeant l'antérieure et
parallèle à celle-ci depuis le milieu des côtés jusque vers le haut;
carène antérieure à peine sinueuse et très rapprochée de l'inférieure
qu'elle rejoint vers la base. Écusson large, oblong, caréné et quadrangulaire en avant, acuminé en arrière. Élytres de la largeur du
pronotum, largement et profondément impressionnés de part et
d'autre à la base, couverts de petites rugosités simulant des écailles,
sinueux sur les côtés à hauteur des hanches postérieures et laissant
à découvert une notable portion latérale de la région supérieure du
premier et du deuxième segment abdominal, légèrement élargis au
tiers supérieur, atténués ensuite en ligne droite jusqu'au sommet
qui est séparément arrondi et irrégulièrement dentelé avec une
forte dent latérale, deux dents internes plus petites et quelques très
petites dents externes. Dessous chagriné en avant et rugueux en
arrière, les rugosités simulant des petites écailles; pattes finement
granuleuses.

Amazones (Chevrolat).

Agrilus dives nov. sp. — *Allongé, assez convexe, élargi au tiers
supérieur, atténué à l'extrémité; tête et moitié antérieure du pronotum
pourprés, moitié postérieure du pronotum bleue; élytres d'un vert brillant et obscur, ornés d'une tache postscutellaire, d'une bande arquée
médiane et d'une seconde bande préapicale, subparallèle à la première, formées par une villosité d'un gris jaunâtre. Dessous noir à
reflets violacés, les côtés du sternum et une tache sur les côtés de
chacun des trois derniers segments abdominaux d'un blanc jaunâtre.*
— Long., 8; larg., 2 mill.

Tête granuleuse, irrégulièrement ponctuée; déprimée sur le
front; couverte, sur le vertex, de petites rides longitudinales. Pronotum un peu plus large que haut, couvert de petites rides transversales et très sinueuses, déprimé sur le disque à la base et de
part et d'autre sur les côtés; la marge antérieure bisinuée avec le
lobe médian arqué; les côtés très arqués avec l'angle postérieur

légèrement saillant en dehors et aigu ; la base bisinuée avec le lobe médian avancé et tronqué ; carène postérieure saillante, arquée, rejoignant l'antérieure vers le tiers supérieur ; carène antérieure sinueuse ; carène inférieure moins sinueuse que la précédente, la rejoignant au delà de la jonction de celle-ci avec la postérieure, vers la base. Écusson caréné transversalement. Élytres de la largeur du pronotum et déprimés de part et d'autre à la base, couverts de rugosités simulant des écailles, déprimés de part et d'autre le long de la suture, sinueux sur les côtés à hauteur des hanches postérieures, élargis au tiers supérieur, atténués ensuite en ligne droite jusqu'au sommet qui est acuminé de part et d'autre avec une forte dent médiane, quelques petites dents externes et une petite dent présuturale. Dessous chagriné ; pattes ponctuées.

Goyaz : Jatahy (Ch. Pujol).

Agrilus puerilis nov. sp. — *Assez convexe, légèrement élargi au tiers supérieur, atténué à l'extrémité, d'un noir bronzé en dessus, un peu plus clair sur les côtés qu'au milieu, l'extrémité rougeâtre ; le pronotum et les élytres garnis de taches et de bandes irrégulières d'un gris blanchâtre ; dessous bronzé, le sternum et les côtés des segments abdominaux garnis d'une villosité d'un blanc pur. — Long., 7 ; larg., 1,6 mill.*

Tête ponctuée ; front déprimé ; vertex sillonné et bituberculé ; antennes à articles peu allongés, transversaux, dentés à partir du quatrième. Pronotum plus large que haut, un peu plus large en avant qu'en arrière, couvert de petites rides sinueuses, transversales et irrégulières, déprimé sur le disque, la dépression formée par deux fossettes superposées dont l'inférieure est plus grande que la supérieure ; irrégulièrement impressionné de part et d'autre sur les côtés ; la marge antérieure bisinuée avec le lobe médian avancé et arqué ; les côtés arqués avec l'angle postérieur légèrement saillant en dehors et aigu ; la base bisinuée avec le lobe médian avancé et faiblement échancré ; carènes postérieure et antérieure peu saillantes, la première arquée, la seconde sinueuse ; carène inférieure nette, à peine sinueuse. Écusson caréné transversalement. Élytres de la largeur du pronotum et déprimés de part et d'autre à la base, plans sur le disque antérieur, déclives sur les côtés et vers le sommet, couverts de rugosités simulant des petites écailles, avec, de part et d'autre, une vague côte longitudinale ; sinueux sur les côtés à hauteur des hanches postérieures, légèrement élargis au tiers supérieur, atténués ensuite en ligne droite jusqu'au sommet qui est légèrement élargi, tronqué et armé de petites dents dont la médiane est, de part et d'autre, plus longue et plus forte que les latérales. Dessous finement granuleux ; pattes à peine ponctuées.

Amazones (Staudinger).

Agrilus celsus nov. sp. — *Allongé, convexe, atténué à l'extrémité; tête et pronotum bronzés; élytres d'un vert obscur à reflets pourprés, avec deux bandes sinueuses transversales et une tache préapicale formées par une vestiture grise. Dessous bronzé, brillant, les côtés des trois derniers segments abdominaux ornés d'une tache villeuse, grise.* — Long., 5,5 ; larg., 1,2 mill.

Tête finement granuleuse, faiblement sillonnée dans toute sa longueur; antennes à articles assez allongés, dentées à partir du quatrième. Pronotum presque aussi haut que large, couvert de petites rides sinueuses et transversales, déprimé sur le disque et sur les côtés, la dépression discale formée par deux fossettes superposées; la marge antérieure bisinuée avec le lobe médian large, arqué et peu avancé; les côtés arqués avec l'angle postérieur légèrement saillant en dehors et aigu; la base bisinuée avec le lobe médian large et tronqué; carène postérieure petite, arquée, rejoignant l'antérieure vers le tiers inférieur, un peu au delà de sa jonction avec l'inférieure; carène antérieure sinueuse; carène inférieure subparallèle à l'antérieure et la rejoignant insensiblement vers la base. Écusson caréné transversalement et acuminé à l'extrémité. Élytres de la largeur du pronotum et déprimés de part et d'autre à la base, couverts de petites rugosités simulant des écailles, plans sur le disque antérieur, déclives sur les côtés et dans leur moitié postérieure, avec de part et d'autre une vague côte n'atteignant ni le sommet ni la base; sinueux sur les côtés à hauteur des hanches postérieures et laissant à découvert la région latérale et dorsale du premier segment abdominal, élargis au tiers supérieur, atténués ensuite jusqu'au sommet qui est arrondi avec, de part et d'autre, une longue dent médiane et quelques petites dents internes et externes, les externes remontant un peu le long des côtés. Dessous finement granuleux; pattes à peine ponctuées.

Bahia : S. Antonio da Barra; Pernambuco : Pery-Pery (E. Gounelle).

Agrilus aurifrons nov. sp. — *Allongé, subparallèle, peu convexe, atténué à l'extrémité; tête d'un vert doré en avant, cuivreuse en arrière; pronotum bronzé à reflets pourprés, élytres d'un noir violacé à reflets pourprés, ornés de part et d'autre, le long de la suture, de trois mouchetures blanches, situées la première vers le tiers antérieur, la deuxième vers le tiers supérieur et la troisième entre la deuxième et l'extrémité. Dessous bleu foncé à reflets pourprés avec le sternum et les côtés du troisième segment abdominal garnis d'une villosité blanchâtre.* — Long., 8,5 ; larg., 1,6 mill.

Tête rugueuse, déprimée sur le front, sillonnée sur le vertex; antennes assez longues, à articles grêles, peu transversaux, dentés à partir du quatrième. Pronotum presque aussi large que haut, couvert de petites rides sinueuses et transversales, déprimé sur le disque et sur les côtés, les dépressions peu accentuées; la marge antérieure à peine sinueuse; les côtés presque droits; la base fortement bisinuée avec le lobe médian large, avancé et faiblement échancré en arc; carène postérieure saillante, arquée et rejoignant l'antérieure un peu au delà du milieu; carène antérieure arquée; carène inférieure subparallèle à la précédente et la rejoignant vers la base. Écusson caréné transversalement. Élytres de la largeur du pronotum et déprimés de part et d'autre à la base, couverts de rugosités simulant des écailles, largement et peu profondément déprimés le long de la base, sinueux sur les côtés à hauteur des hanches postérieures, élargis au tiers supérieur et laissant à découvert une faible portion latérale de la région dorsale des deux premiers segments abdominaux, atténués en ligne droite jusqu'au sommet; celui-ci légèrement dilaté, armé de part et d'autre d'une dent suturale bifide, d'une longue dent médiane et de quelques petites dents externes remontant un peu sur les côtés. Dessous finement granuleux en avant, chagriné en arrière, les rugosités peu accentuées et simulant des petites écailles; pattes presque lisses.

Amazones (Chevrolat).

Agrilus indulgens nov. sp. — *Étroit, allongé, d'un cuivreux violacé brillant, un peu plus terne sur le pronotum que sur la tête et le dessous; élytres d'un vert métallique clair et brillant.* — Long., 7; larg., 1,5 mill.

Tête convexe, couverte de petites rides sinueuses et transversales; front aplani, très faiblement et inégalement bosselé; vertex à peine sillonné. Pronotum un peu plus large que haut et un peu plus étroit à la base qu'au sommet, couvert de petites rides sinueuses, transversales et parallèles; le disque impressionné longitudinalement; la marge antérieure sinueuse avec le lobe médian avancé, large et arrondi; les côtés très arqués en avant et sinueux à la base avec l'angle postérieur obtus; la base fortement bisinuée avec le lobe médian avancé et faiblement échancré; carène postérieure arquée, peu accentuée, rejoignant l'antérieure vers le milieu de celle-ci; carène antérieure presque droite; carène inférieure faiblement sinueuse, rejoignant la précédente vers le quart inférieur. Écusson caréné transversalement. Élytres un peu plus larges que le pronotum et impressionnés de part et d'autre à la base, couverts de petites rugosités simulant des écailles; les côtés sinueux à hauteur des hanches postérieures, élargis au tiers supérieur, ensuite atténués en ligne droite jusqu'au sommet, qui est très légèrement dilaté en dehors, séparément arrondi et dentelé. Sternum granuleux; abdomen et pattes finement ponctués.

Bahia : S. Antonio da Barra (E. Gounelle).

Agrilus docilis nov. sp. — *Subparallèle, allongé, atténué à l'extrémité, d'un noir mat violacé en dessus, les élytres couverts de poils courts, plus denses le long du sillon sutural que sur les côtés; dessous d'un bronzé violacé obscur et couvert d'une abondante vestiture grise avec, sur les côtés de chacun des segments abdominaux, une plaque allongée, lisse et glabre. — Long., 7,5; larg., 1,5 mill.*

Tête inégalement ponctuée avec, sur le front, quelques plaques lisses irrégulières; vertex profondément sillonné. Pronotum un peu plus large que haut, couvert de petites rides sinueuses et transversales, impressionné sur les côtés et sur le disque, l'impression discale formée par deux fossettes placées l'une au-dessus de l'autre, l'une, vers la base, allongée et étroite, l'autre, vers le sommet, élargie et plus accentuée que l'autre; la marge antérieure bisinuée avec le lobe médian avancé et subaigu; les côtés régulièrement arqués; la base fortement bisinuée avec le lobe médian large, avancé et tronqué; carène postérieure très arquée et rejoignant l'antérieure vers le milieu; carène antérieure sinueuse, moins accentuée que l'inférieure, surmontée antérieurement d'une petite carène arquée et rejoignant l'inférieure vers la base; carène inférieure presque droite. Écusson caréné transversalement. Élytres de la largeur du pronotum et impressionnés de part et d'autre à la base, couverts de rugosités simulant des écailles alternant avec des points régulièrement espacés d'où émargent des poils courts et grisâtres; les côtés à peine sinueux à hauteur des hanches postérieures, légèrement élargis au tiers supérieur, ensuite atténués en ligne droite jusqu'au sommet qui est tronqué et armé de part et d'autre d'une longue épine médiane séparée de deux épines jumellées internes et externes par une échancrure arquée. Dessous granuleux et ponctué.

Bahia : S. Antonio da Barra (E. Gounelle).

Agrilus mundus nov. sp. — *Subparallèle, allongé, peu convexe; tête verdâtre; pronotum et élytres violacés, brillants, ces derniers ornés de part et d'autre de deux mouchetures fauves et situées contre la suture, l'une au tiers antérieur et l'autre au tiers postérieur. Dessous noir brillant; le sternum et les côtés du troisième segment abdominal garnis d'une efflorescence d'un blanc jaunâtre. — Long., 6,5; larg., 1,5 mill.*

Tête granuleuse; front presque plan, vertex sillonné; antennes courtes, à articles courts, dentés à partir du quatrième. Pronotum un peu plus haut que large, couvert de rides sinueuses, transversales et peu accentuées, sillonné longitudinalement au milieu, le sillon formé par deux fossettes superposées, déprimé de part et d'autre sur les côtés; la marge antérieure bisinuée avec le lobe médian large, avancé et très arqué; les côtés arqués en avant et sinueux en arrière avec l'angle postérieur légèrement saillant en dehors et aigu ; la base fortement bisinuée avec le lobe médian avancé et subtronqué, faiblement arqué ; carène postérieure faiblement arquée, ne rejoignant pas l'antérieure ; carène antérieure presque droite ; carène inférieure sinueuse et rejoignant la précédente vers le tiers postérieur. Écusson caréné transversalement. Élytres de la largeur du pronotum et déprimés de part et d'autre à la base, couverts de rugosités simulant des écailles, vaguement déprimés le long de la suture vers le sommet, sinueux sur les côtés à hauteur des hanches postérieures, légèrement élargis au tiers supérieur, atténués ensuite suivant une courbe peu prononcée jusqu'au sommet ; celui-ci séparément arrondi et dentelé, les deux dents internes plus fortes et plus espacées que les externes. Dessous granuleux en avant, presque lisse en arrière ; pattes finement ponctuées.

Pernambuco : Serra de Communaty (E. Gounelle).

Agrilus suavis nov. sp. — *Allongé, peu convexe, subparallèle, atténué à l'extrémité ; tête verte ♂, bronzée ♀ ; pronotum et élytres bronzés, l'extrémité de ceux-ci avec deux larges bandes transversales, parallèles et glabres, d'un bleu d'acier. Dessous bronzé et brillant.* — Long., 5 ; larg., 1 mill.

Tête granuleuse, à peine sillonnée en avant, nettement en arrière ; antennes courtes, à articles dentés à partir du quatrième. Pronotum un peu plus haut que large, couvert de petites rides transversales irrégulières, sillonné longitudinalement au milieu, le sillon formant deux fossettes superposées, déprimé sur les côtés ; la marge antérieure bisinuée avec le lobe médian avancé, large et arqué ; les côtés régulièrement arqués avec l'angle postérieur légèrement saillant en dehors et aigu ; la base fortement bisinuée avec le lobe médian peu avancé et bisinué ; carène postérieure presque droite, courte, ne rejoignant pas l'antérieure ; celle-ci droite et subparallèle à l'inférieure qui la rejoint vers la base. Écusson caréné transversalement. Élytres de la largeur du pronotum et déprimés de part et d'autre à la base, couverts de rugosités simulant des petites écailles, sinueux sur les côtés à hauteur des hanches postérieures, légèrement élargis au tiers supérieur, ensuite atténués en ligne droite jusqu'au sommet séparément arrondi et dentelé, la dent suturale moins forte que sa voisine qui est la plus longue, les externes très petites. Dessous très finement granuleux ; pattes presque lisses.

Bahia : S. Antonio da Barra ; Pernambuco : Pery-Pery (E. Gounelle).

Agrilus sincerus nov. sp. — *Allongé, subparallèle, peu convexe, atténué à l'extrémité ; tête verte ; pronotum et élytres bronzés,* *brillants, les bords du premier verdâtres et garnis d'une vestiture d'un roux doré; élytres ornés de part et d'autre de quatre mouchetures d'un roux doré, longeant la suture et situées, la première à la base, la deuxième au tiers antérieur, la troisième au tiers postérieur et la quatrième à l'extrémité; la région dorsale des côtés des segments abdominaux ainsi que le sternum et les côtés des trois derniers segments garnis d'une villosité d'un roux doré. Dessous bronzé. —* Long., 7,8 ; larg., 1,5 mill.

Tête granuleuse, plane en avant, sillonnée en arrière; antennes médiocres, dentées à partir du quatrième article; vertex couvert de petites rides transversales. Pronotum un peu plus haut que large, couvert de petites rides sinueuses et transversales, sillonné longitudinalement au milieu, le sillon large ; déprimé de part et d'autre sur les côtés; la marge antérieure bisinuée avec le lobe médian avancé et très arqué; les côtés régulièrement arqués; la base fortement bisinuée avec le lobe médian avancé et tronqué ; carène postérieure faiblement arquée et rejoignant l'antérieure avant le milieu ; carène antérieure arquée, subanguleuse et parallèle à l'inférieure qu'elle rejoint vers la base. Écusson caréné transversalement. Élytres de la largeur du pronotum et déprimés de part et d'autre à la base, couverts de rugosités simulant des écailles et de petites rides transversales, le tout à peine accusé, sinueux sur les côtés à hauteur des hanches postérieures, laissant à découvert une portion latérale de la région dorsale du premier segment abdominal, légèrement élargis au tiers supérieur, ensuite atténués suivant une courbe à peine sensible jusqu'au sommet; celui-ci séparément arrondi et dentelé; ils sont très légèrement évidés le long de la suture. Dessous finement granuleux en avant, ponctué en arrière; pattes presque lisses.

Brésil.

Agrilus badius nov. sp. — *Allongé, assez convexe, atténué à l'extrémité; tête bronzée; pronotum bleu, garni, dans les dépressions des côtés et du milieu, d'une courte villosité blanche ; élytres bleus à reflets bronzés, ornés de part et d'autre d'une tache allongée discale et d'une tache transversale préapicale à fond bronzé et finement granuleux et garnies d'une villosité blanche. Dessous bronzé, noirâtre en avant et clair en arrière. —* Long., 6,5 ; larg., 1,3 mill.

Tête régulièrement ponctuée, sillonnée dans toute sa longueur ; antennes courtes, dentées à partir du quatrième article. Pronotum presque aussi large que haut, couvert de petites rides sinueuses et transversales accentuées sur les côtés inférieurs et à peine sensibles vers le haut, déprimé de part et d'autre sur les côtés et sur le disque, la dépression discale formant une fossette allongée n'atteignant pas le sommet et élargie vers la base ; la marge antérieure bisinuée avec le lobe médian avancé et arqué ; les côtés arqués ; la base fortement

bisinuée avec le lobe médian avancé et faiblement échancré en arc ; carène postérieure petite, peu arquée, subparallèle à l'antérieure et rapprochée de celle-ci ; carène antérieure arquée ; carène inférieure un peu plus arquée que la précédente. Écusson caréné transversalement. Élytres de la largeur du pronotum et déprimés de part et d'autre à la base, couverts de petites rides et de rugosités simulant des écailles, sinueux sur les côtés à hauteur des hanches postérieures, laissant à découvert la région dorso-latérale des deux premiers segments abdominaux, élargis au tiers supérieur, atténués ensuite jusqu'au sommet qui est subacuminé, séparément arrondi et à peine dentelé. Dessous rugueux, chagriné et ridé ; pattes à peine ponctuées.

Minas Geraes : Caraça (E. Gounelle).

Agrilus sculpturatus nov. sp. — *Allongé, subparallèle, atténué à l'extrémité ; tête verdâtre ; pronotum et élytres noirs, légèrement bleuâtres, ces derniers ornés de part et d'autre, le long de la suture, de trois mouchetures blanches et situées l'une dans la dépression basilaire, la deuxième vers le tiers antérieur et la troisième vers le tiers supérieur. Dessous noir, brillant, garni de mouchetures blanches situées de part et d'autre sur les côtés des hanches postérieures et sur la région dorsale des côtés du premier segment abdominal.* — Long., 5 ; larg., 0,7 mill.

Tête finement granuleuse, sillonnée longitudinalement, le sillon plus net en arrière que sur le front ; antennes courtes, dentées à partir du quatrième article. Pronotum plus long que large, rugueux, couvert de rides sinueuses et transversales, déprimé sur le disque et sur les côtés, la dépression discale formant deux fossettes superposées ; la marge antérieure bisinuée avec le lobe médian très avancé et subanguleux ; les côtés arqués au milieu et sinueux en arrière avec l'angle postérieur saillant en dehors et aigu ; la base fortement bisinuée avec le lobe médian bilobé ; carène postérieure arquée et infléchie vers l'antérieure sans la toucher à hauteur du tiers inférieur ; carène antérieure presque droite et subparallèle à l'inférieure. Écusson caréné transversalement. Élytres de la largeur du pronotum et déprimés de part et d'autre à la base, couverts de rugosités simulant des écailles, faiblement déprimés le long de la suture, sinueux sur les côtés à hauteur des hanches postérieures, élargis au tiers supérieur, atténués ensuite en ligne droite jusqu'au sommet qui est subtronqué et dentelé, la troncature arrondie extérieurement. Dessous finement granuleux ; pattes presque lisses.

Pernambuco : Serra de Communaty (E. Gounelle).

Agrilus splendens nov. sp. — *Allongé, peu convexe, atténué à l'extrémité ; tête pourprée ; pronotum violacé à reflets pourprés ; élytres garnis d'une abondante villosité grise avec une bande glabre, transversale, d'un bleu violacé et située un peu au delà du milieu. Dessous*

bronzé, brillant, garni d'une efflorescence blanche, plus dense sur les
côtés qu'au milieu. — Long., 6,5; larg., 1,3 mill.

Tête forte, granuleuse, sillonnée dans toute sa longueur; le sillon
linéaire; antennes médiocres, dentées à partir du quatrième article.
Pronotum presque aussi haut que large, à peine plus large en avant
qu'en arrière; couvert de petites rides sinueuses et transversales,
sillonné longitudinalement, le sillon formant deux fossettes superposées, déprimées de part et d'autre sur les côtés; la marge antérieure bisinuée avec le lobe médian avancé et arrondi; les côtés
arqués avec l'angle postérieur petit, saillant en dehors et aigu; la
base bisinuée avec le lobe médian, échancré en arc; carène postérieure arquée, rejoignant l'antérieure vers le milieu; carène antérieure sinueuse, assez rapprochée de l'inférieure et subparallèle à
celle-ci. Écusson caréné transversalement. Élytres de la largeur du
pronotum et déprimés de part et d'autre à la base, finement chagrinés, plans le long de la suture, avec de part et d'autre une côte longitudinale et médiane, sinueux sur les côtés à hauteur des hanches
postérieures, élargis au tiers supérieur, atténués en ligne droite
jusqu'au sommet qui est acuminé, séparément arrondi et dentelé.
Dessous granuleux en avant et finement ponctué en arrière; pattes
à peine ponctuées.

Pernambuco : Pery-Pery (E. Gounelle).

Agrilus deliciosus nov. sp. — *Allongé, subparallèle, peu*
convexe; tête verte; pronotum et moitié antérieure des élytres bronzés,
la moitié postérieure d'un noir violacé, l'apex rougeâtre avec, le long
de la suture, trois mouchetures grisâtres dont deux assez rapprochées
l'une de l'autre et situées sur la moitié antérieure et la troisième vers
le quart supérieur. Dessous bronzé, très brillant; fémurs antérieurs
verts. — Long., 6; larg., 0,9 mill.

Tête assez forte, finement granuleuse; front aplani; vertex sillonné; antennes dentées à partir du quatrième article. Pronotum
plus haut que large, convexe, couvert de rides sinueuses et transversales, sillonné longitudinalement au milieu; la marge antérieure
fortement bisinuée avec le lobe médian très avancé, arqué et subanguleux; les côtés régulièrement arqués avec l'angle postérieur
abaissé, un peu saillant en dehors et subaigu; la base bisinuée avec
le lobe médian arqué; carène postérieure à peine arquée, perpendiculaire à la base et n'atteignant pas l'antérieure; celle-ci sinueuse
et se rapprochant insensiblement de l'inférieure pour la rejoindre
vers la base. Pronotum caréné transversalement. Élytres de la largeur du pronotum et déprimés de part et d'autre à la base, couverts
de rugosités simulant des petites écailles, sinueux sur les côtés à
hauteur des hanches postérieures, légèrement élargis, mais moins

larges qu'à la base au tiers supérieur, atténués ensuite en ligne droite jusqu'au sommet qui est arrondi et finement dentelé extérieurement et échancré vers la suture, l'échancrure limitée extérieurement par une dent un peu plus accentuée que les autres. Dessous finement chagriné ; pattes à peine ponctuées.

Minas Geraez : Caraça (E. Gounelle).

Agrilus decorus nov. sp. — *Allongé, subparallèle, peu convexe ; tête et pronotum d'un bronzé pourpré obscur ; élytres noirs ornés sur la moitié antérieure de taches longeant la suture et vers le tiers postérieur d'une large bande transversale, le tout d'un gris jaunâtre. Dessous bronzé et brillant, légèrement pourpré.* — Long., 6 ; larg., 0,8 mill.

Tête finement ponctuée, sillonnée dans toute sa longueur ; antennes dentées à partir du quatrième article. Pronotum plus long que large, couvert de petites rides sinueuses et transversales, déprimé sur le disque, la dépression formant deux vagues fossettes superposées ; la marge antérieure bisinuée avec le lobe médian large, avancé et arqué ; les côtés arqués avec l'angle postérieur abaissé et aigu ; la base bisinuée avec le lobe médian tronqué ; carène postérieure arquée, n'atteignant pas l'antérieure ; celle-ci à peine sensible, moins accentuée que l'inférieure qui lui est parallèle. Écusson caréné transversalement. Élytres de la largeur du pronotum et déprimés de part et d'autre à la base, chagrinés et couverts de petites rides transversales et irrégulières, sinueux sur les côtés à hauteur des hanches postérieures, légèrement élargis au tiers supérieur, atténués ensuite en ligne droite jusqu'au sommet qui présente, de part et d'autre, trois fortes épines limitant deux échancrures, l'épine médiane plus longue et plus forte que les deux latérales. Dessous finement granuleux ; pattes à peine ponctuées.

Minas Geraez : Caraça (E. Gounelle).

Agrilus humeralis nov. sp. — *Subparallèle, allongé, tête, pronotum et moitié antérieure externe des élytres bronzé doré clair, région suturale antérieure et moitié postérieure des élytres noires ; une large bande pubescente blanche le long de la suture, la pubescence courte et rare. Dessous bronzé obscur, couvert d'une très courte pubescence d'un gris blanchâtre.* — Long., 6 ; larg., 1 mill.

Tête convexe, finement granuleuse et ponctuée, sillonnée dans toute sa longueur ; antennes dentées à partir du quatrième article. Pronotum presque aussi large que haut, un peu plus large en avant qu'en arrière, couvert de rides sinueuses et transversales entremêlées de points enfoncés et épars ; le disque longitudinalement impressionné, l'impression formant deux vagues fossettes superposées ; les côtés déprimés en avant ; la marge antérieure bisinuée avec le lobe médian avancé et très arqué; la marge latérale arquée en avant et sinueuse en arrière avec l'angle postérieur très petit, légèrement saillant en dehors et aigu; la base bisinuée avec le lobe médian avancé et subtronqué; carène antérieure subsinueuse et assez éloignée en avant de l'inférieure qui la rejoint vers la base; carène postérieure peu arquée, subparallèle à l'antérieure et la rejoignant avant le milieu. Écusson transversal et caréné. Élytres de la largeur du pronotum, profondément déprimés à la base, légèrement creusés le long de la suture, couverts de granulations simulant des très petites écailles; les côtés cintrés à hauteur des hanches postérieures, laissant à découvert la région dorso-latérale des segments abdominaux, élargis au tiers supérieur, atténués ensuite suivant une courbe peu prononcée jusqu'au sommet; celui-ci séparément arrondi, subacuminé et dentelé avec une petite échancrure arquée et interne. Dessous finement granuleux et ponctué.

Voisin de *Agr. analis* Kerr., du Brésil, mais plus parallèle, moins atténué au sommet; autrement coloré.

Guatémala.

Agrilus Dugesi nov. sp. — *Subparallèle, allongé, d'un bronzé clair et brillant; le dessous couvert d'une très courte villosité blanchâtre.* — Long., 4,7; larg., 0,7 mill.

Tête assez forte, finement chagrinée et ponctuée; front sillonné; antennes dentées à partir du cinquième article. Pronotum plus haut que large, aussi étroit en avant qu'en arrière, couvert de rides obliques et sinueuses; le disque à peine déprimé longitudinalement; la marge antérieure bisinuée avec le lobe médian avancé et subanguleux; les côtés presque droits; la base bisinuée avec le lobe médian anguleusement échancré; carène antérieure sinueuse, subparallèle à l'inférieure; carène postérieure arquée et ne rejoignant pas l'antérieure. Écusson grand, transversal en avant, tronqué à la base, très acuminé au sommet. Élytres de la largeur du pronotum, à peine déprimés de part et d'autre à la base, couverts de rugosités simulant des petites écailles, sinueux sur les côtés à hauteur des hanches postérieures, laissant à découvert une faible portion dorso-latérale des segments abdominaux; légèrement élargis au tiers supérieur, atténués ensuite suivant une courbe peu prononcée jusqu'au sommet; celui-ci dentelé et séparément arrondi. Dessous très finement granuleux.

Mexique : Tuparo (E. Dugès).

Agrilus subniger nov. sp. — *Subparallèle, allongé; front d'un cuivreux obscur; vertex, pronotum et élytres noirs, peu brillants, ces derniers ornés de part et d'autre, contre la suture, de deux taches villeuses rousses, la première médiane, la seconde au tiers postérieur.*

Antennes, sternum et pattes d'un vert métallique glauque et obscur ; abdomen bronzé. — Long., 6 ; larg., 1 mill.

Tête forte, finement granuleuse et ponctuée ; front longitudinalement déprimé ; antennes à articles dentés assez longs, à partir du cinquième. Pronotum un peu plus haut que large, plus étroit en arrière qu'en avant, couvert de petites rides sinueuses et transversales et présentant deux larges sillons sinueux et transversaux, interrompus au milieu du disque et situés le premier le long de la base et le second au milieu, au-dessus du premier ; la marge antérieure bisinuée avec le lobe médian peu avancé et arqué ; les côtés régulièrement arqués et un peu sinueux en arrière avec l'angle postérieur un peu saillant en dehors et aigu ; la base bisinuée avec le lobe médian faiblement échancré en arc ; carène antérieure sinueuse, subparallèle à l'inférieure et assez rapprochée de celle-ci ; carène postérieure à peine sensible, perpendiculaire à la base. Écusson transversalement caréné. Élytres de la largeur du pronotum, largement et profondément déprimés de part et d'autre à la base, évidés le long de la suture, couverts de granulations très fines et très régulières ; les côtés sinueux à hauteur des hanches postérieures, légèrement élargis au tiers supérieur, atténués ensuite suivant une courbe à peine accusée jusqu'au sommet ; celui-ci séparément arrondi et finement dentelé. Dessous finement granuleux ; fémurs presque lisses.

Guatémala.

Agrilus subviolaceus nov. sp. — *Allongé, subparallèle ; front bleu verdâtre ; vertex et pronotum noirs ; élytres d'un noir violacé. Antennes et dessous vert glauque, assez clair et brillant ; pattes bleuâtres. — Long., 6 ; larg., 1 mill.*

Tête granuleuse, ridée transversalement ; front longitudinalement déprimé ; antennes dentées à partir du cinquième article, les non dentés assez allongés, les dentés transversaux. Pronotum un peu plus haut que large et plus étroit en arrière qu'en avant, couvert de petites rides sinueuses et transversales, avec, de part et d'autre, une large dépression latérale et transversale et une fossette contre l'angle inférieur ; le disque un peu élevé, vaguement déprimé contre la marge antérieure et contre la base, au-dessus de l'écusson ; la marge antérieure bisinuée avec le lobe médian arqué et peu avancé ; les côtés faiblement et régulièrement arqués, avec l'angle postérieur un peu saillant en dehors, aigu et très petit ; la base bisinuée avec le lobe médian à peine arqué ; carène postérieure à peine sinueuse, assez éloignée de l'antérieure et subparallèle à celle-ci qui la rejoint à la base ; carène postérieure droite, très petite et très rapprochée de l'antérieure. Écusson caréné transversalement. Élytres de la largeur du pronotum et déprimés de part et d'autre à la base, couverts de granulations simulant des très fines écailles, évidés le long de la suture du tiers antérieur au tiers supérieur, sinueux sur les côtés à hauteur des hanches postérieures, légèrement élargis au tiers supérieur, atténués ensuite suivant une courbe régulière jusqu'au sommet ; celui-ci séparément arrondi et dentelé. Dessous finement granuleux.

Espèce très voisine de *Agr. subniger* qui précède, le pronotum à peu près semblable quant à l'allure des sillons latéraux, mais différente quant à la coloration et au facies.

Guatémala.

Agrilus opacus nov. sp. — *Allongé, subparallèle, plan en dessus ; tête d'un bronzé doré verdâtre en avant et cuivreux obscur en arrière avec une tache bleu foncé, allongée, touchant le vertex ; pronotum d'un bronzé obscur et brillant, le disque un peu plus sombre que la partie antérieure et les bords des taches marginales ; les côtés largement teintés de fauve orangé, couvrant la dépression latérale ; élytres noirs. Dessous noir ; antennes et fémurs bronzés ; les épipleures métathoraciques teintés de fauve orangé.* — Long., 10 ; larg., 2,2 mill.

Téte irrégulièrement ponctuée, profondément excavée ; yeux bordés d'un sillon ; antennes dentées à partir du quatrième article, les articles dentés assez courts, triangulaires. Pronotum plus large que haut et un peu plus étroit en avant qu'en arrière, couvert de rides sinueuses et transversales sur le disque ; celui-ci élevé et longitudinalement déprimé au milieu, les côtés largement et profondément déprimés, les bords de la dépression longeant la marge latérale et l'antérieure, très arqués ensuite intérieurement et rejoignant l'angle inférieur suivant une ligne oblique un peu convexe ; la marge antérieure fortement bisinuée avec le lobe médian avancé et subanguleux ; les côtés faiblement et régulièrement arqués en avant et droits en arrière avec l'angle postérieur abaissé et subaigu ; la base bisinuée avec le lobe médian tronqué ; carène subsinueuse, surmontant l'inférieure et subparallèle à celle-ci ; carène postérieure nulle. Écusson transversal, elliptique en avant, acuminé en arrière avec un sillon arqué longeant la base. Élytres de la largeur du pronotum, profondément excavés de part et d'autre à la base, couverts de rugosités simulant des petites écailles, vaguement évidés le long de la suture, sinueux sur les côtés à hauteur des hanches postérieures, légèrement élargis au tiers supérieur, atténués ensuite en ligne droite jusqu'au sommet ; celui-ci séparément arrondi et dentelé. Dessous finement granuleux ; mentonnière bilobée avec une échancrure médiane.

Mexique (Staudinger).

Agrilus dilaticornis nov. sp. — *Oblong, allongé, peu convexe; dessus entièrement noir, mat; le front et les côtés du pronotum teintés de rouge vif passant au fauve orangé chez certains exemplaires. Dessous noir, brillant.* — Long., 10; larg., 2,2 mill.

Tête granuleuse ; front déprimé, la dépression profonde, ses bords élevés et abrupts, surtout le long des yeux ; antennes dentées à partir du quatrième article, les articles non dentés courts et globulaires, les dentés très transversaux, très larges, subtriangulaires, aplanis, subconvexes en dessus, subconcaves en dessous. Pronotum inégal, plus large que haut, à peine plus étroit en avant qu'en arrière, couvert de rides sinueuses et irrégulières ; le disque élevé avec deux dépressions situées l'une au-dessus de l'autre ; les côtés largement , et profondément excavés ; la marge antérieure bisinuée avec le lobe médian très avancé at très arqué ; les côtés régulièrement arqués avec l'angle postérieur petit, légèrement saillant en dehors et aigu ; la base bisinuée avec le lobe médian à peine échancré ; carène antérieure sinueuse, assez éloignée de l'inférieure qui la rejoint vers la base ; carène postérieure nulle. Écusson caréné transversalement. Élytres de la largeur du pronotum, déprimés de part et d'autre à la base, évidés le long de la suture, couverts de granulations fines et imitant des très petites écailles ; sinueux sur les côtés à hauteur des hanches postérieures et laissant à découvert une portion dorso-latérale des segments abdominaux, à peine élargis au tiers supérieur, et très peu obliquement atténués jusqu'au sommet ; celui-ci dentelé, largement et séparément arrondi. Dessous finement granuleux.

Très voisin de l'*Agr. opacus* qui précède, surtout quant au facies, mais différent surtout de celui-ci par la forme des antennes et par celle du pronotum.

Paraguay (Staudinger).

Agrilus tubulus nov. sp. — *Allongé, parallèle et subcylindrique, d'un bleu foncé en dessus avec, sur les élytres, une tache allongée contre la suture et une bande transversale et préapicale grises; dessous bleu foncé plus brillant que le dessus, à légers reflets violacés; pattes bronzées.* — Long., 5,5 ; larg., 0,9 mill.

Tête convexe, sillonnée dans toute sa longueur et couverte de petites rides longitudinales et parallèles. Pronotum plus haut que large, couvert de petites rides sinueuses, transversales et parallèles ; le disque avec une impression médiane formée de deux vagues fossettes superposées ; la marge antérieure sinueuse avec le lobe médian large, avancé et arqué ; les côtés faiblement arqués avec l'angle postérieur légèrement saillant en dehors ; carène postérieure très arquée, peu accentuée, et rejoignant l'antérieure au delà du milieu; carène antérieure presque droite; carène inférieure subsinueuse et se rapprochant insensiblement de la précédente pour la rejoindre vers le tiers inférieur. Écusson peu acuminé au sommet et transversalement sillonné. Élytres de la largeur du pronotum et déprimés de part et d'autre à la base, couverts de rugosités simulant des petites écailles, sinueux sur les côtés à hauteur des hanches postérieures, légèrement élargis au tiers supérieur, atténués ensuite en ligne droite jusqu'au sommet qui est séparément arrondi et armé de part et d'autre de fortes épines dont les extérieures sont plus accentuées que les intérieures et légèrement divergentes en dehors. Sternum finement granuleux; abdomen et pattes finement et régulièrement ponctués.

Pernambuco : Serra de Communaty (E. Gounelle).

Agrilus transitorius nov. sp. — *Allongé, peu convexe, légèrement atténué à l'extrémité, d'un vert obscur et bleuâtre en dessus, tête d'un vert clair, extrémité des élytres d'un bleu violacé; dessous bronzé; pattes plus brillantes et plus claires que l'abdomen, qui est lui-même un peu plus clair que le sternum, les élytres ornés de deux taches dorsales, situées contre la suture, d'une large bande préapicale et d'une tache apicale grises.* — Long., 5,8; larg., 0,9 mill.

Tête convexe, finement granuleuse, pointillée et sillonnée dans toute sa longueur. Pronotum plus haut que large, couvert de petites rides sinueuses, transversales et parallèles; le disque sillonné, le sillon formant deux fossettes superposées; la marge antérieure bisinuée avec le lobe médian avancé, large et arrondi; les côtés régulièrement arqués avec l'angle postérieur très légèrement saillant en dehors; carène postérieure grande, très arquée, rejoignant l'antérieure vers le milieu des côtés; carène antérieure presque droite; carène inférieure subparallèle à la précédente et la rejoignant insensiblement vers le quart inférieur. Écusson caréné transversalement. Élytres de la largeur du pronotum et impressionnés de part et d'autre à la base avec le calus huméral saillant; couverts de rugosités simulant des écailles; sinueux sur les côtés à hauteur des hanches postérieures, très faiblement élargis au tiers supérieur, ensuite atténués en ligne droite jusqu'au sommet qui est séparément arrondi et armé de dents aiguës dont la médiane est la plus forte et un peu séparée des autres. Dessous très finement granuleux; pattes ponctuées.

Minas Geraez : Caraça (E. Gounelle).

Agrilus dubius nov. sp. — *Subparallèle, allongé, convexe, atténué à l'extrémité, d'un bleu violacé en dessus, les élytres ornés de vagues bandes transversales grisâtres. Dessous bronzé, pourpré et brillant.* — Long., 5; larg., 1 mill.

Tête finement granuleuse; front vert, aplani; vertex sillonné; antennes courtes, dentées à partir du quatrième article. Pronotum presque aussi haut que large, un peu plus étroit en avant qu'en arrière, couvert de rides sinueuses et transversales, déprimé longitudinalement sur le disque et sur les côtés, la dépression discale formant deux fossettes superposées; la marge antérieure bisinuée avec le lobe médian avancé et arqué; les côtés très arqués avec l'angle postérieur droit; la base bisinuée avec le lobe médian tronqué; carène postérieure arquée, rejoignant l'antérieure vers le milieu des côtés; carène antérieure subsinueuse; carène inférieure droite, rejoignant la précédente avant la base, au delà de sa jonction avec la postérieure. Écusson caréné transversalement. Élytres de la largeur du pronotum et déprimés de part et d'autre à la base, couverts de petites rides transversales et de rugosités simulant des petites écailles, sinueux sur les côtés antérieurs, légèrement élargis au tiers supérieur, ensuite atténués suivant une courbe peu prononcée jusqu'au sommet qui est séparément subarrondi, tronqué obliquement de part et d'autre, la troncature interne très faiblement échancrée en arc. Dessous finement granuleux; pattes à peine ponctuées.

Brésil (Chevrolat).

Agrilus prudens nov. sp. — *Allongé, peu convexe, atténué à l'extrémité; front vert obscur; pronotum obscur avec les côtés plus clairs et verdâtres; élytres verts, obscurs, ornés dans la dépression basilaire et le long de la suture de trois taches tomenteuses d'un jaune fauve peu accentuées; dessous noirâtre; pattes bronzées.* — Long., 6,5; larg., 1,3 mill.

Tête finement granuleuse, plane; vertex sillonné; antennes à articles allongés, dentés à partir du quatrième. Pronotum plus haut que large, couvert de petites rides sinueuses et transversales, vaguement sillonné au milieu du disque, déprimé sur les côtés; la marge antérieure fortement bisinuée avec le lobe médian avancé et arqué; les côtés régulièrement arqués; la base fortement bisinuée avec le lobe médian avancé et faiblement échancré en arc; carène postérieure perpendiculaire à la base, à peine arquée et n'atteignant pas l'antérieure; carène antérieure subsinueuse; carène inférieure subparallèle à l'antérieure et la rejoignant vers le tiers inférieur. Écusson caréné transversalement. Élytres de la largeur du pronotum et déprimés de part et d'autre à la base, couverts de rugosités simulant des écailles, sinueux sur les côtés à hauteur des hanches postérieures où ils laissent à découvert la région latéro-dorsale du premier segment abdominal, légèrement élargis au tiers supérieur, atténués ensuite en ligne droite jusqu'au sommet qui est séparément arrondi et dentelé. Dessous granuleux; pattes à peine ponctuées.

Venezuela.

Agrilus consentaneus nov. sp. — *Étroit, petit, allongé, atténué à l'extrémité, d'un bronzé brillant en dessus, le front verdâtre, les élytres légèrement cuivreux, ornés de part et d'autre de trois mouchetures villeuses et d'un jaune fauve situées contre la suture, la première dans la dépression de la base, la deuxième au tiers antérieur et la troisième au tiers supérieur. Dessous bronzé, laissant émerger de la ponctuation des poils courts, blanchâtres.* — Long., 5; larg., 1,2 mill.

Tête finement granuleuse, vaguement sillonnée en avant, le sillon n'atteignant pas le vertex; antennes courtes, dentées à partir du quatrième article. Pronotum un peu plus large que haut, couvert de petites rides sinueuses et transversales, vaguement sillonné au milieu du disque, le sillon formant deux fossettes superposées, déprimé de part et d'autre sur les côtés; la marge antérieure fortement bisinuée avec le lobe médian arqué; les côtés faiblement arqués en avant et subsinueux en arrière avec l'angle postérieur petit et un peu saillant en dehors; la base bisinuée avec le lobe médian échancré; carène postérieure arquée, assez rapprochée de l'antérieure qu'elle rejoint au delà du milieu des côtés; carène antérieure droite; carène inférieure à peine sinueuse et subparallèle à l'antérieure qu'elle rejoint vers la base. Pronotum sillonné transversalement. Élytres de la largeur du pronotum et déprimés de part et d'autre à la base, couverts de petites rugosités simulant des écailles, sinueux sur les côtés à hauteur des hanches postérieures, légèrement élargis au tiers supérieur, atténués ensuite en ligne droite jusqu'au sommet qui est séparément arrondi et dentelé. Dessous finement ponctué.

Goyaz : Jatahy (Ch. Pujol).

Agrilus villosulus nov. sp. — *Allongé, atténué à l'extrémité, d'un bronzé brillant, avec sur les élytres une bande transversale d'un bronzé noirâtre et, de part et d'autre, le long de la suture, trois taches recouvertes d'une villosité jaunâtre; la première dans la dépression discale; la seconde, allongée, au milieu et séparée, par la bande noirâtre, de la troisième; celle-ci petite et arrondie. Dessous couvert d'une villosité blanche, longue, molle et lâche sur le prosternum, courte et émargeant de la ponctuation sur le restant du corps. Front vert, ♂.* — Long., 4,6; larg., 1 mill.

Tête finement granuleuse; vertex sillonné; antennes courtes, dentées à partir du quatrième article. Pronotum un peu plus haut que large, couvert de petites rides sinueuses et transversales, déprimé longitudinalement sur le disque et impressionné de part et d'autre sur les côtés; la marge antérieure bisinuée avec le lobe médian très avancé et subanguleux; les côtés arqués avec l'angle postérieur petit, légèrement saillant en dehors et aigu; la base bisinuée avec le lobe médian avancé et faiblement échancré ; carène postérieure droite, perpendiculaire à la base, à peine arquée et ne rejoignant pas l'antérieure ; carène antérieure droite, subparallèle à l'inférieure ; celle-ci peu accusée. Écusson sillonné transversalement. Élytres de la largeur du pronotum et déprimés de part et d'autre à la base, couverts de rugosités simulant des petites écailles, déprimés le long de la suture, sinueux sur les côtés à hauteur des hanches postérieures, légèrement élargis au tiers supérieur, atténués ensuite en ligne droite jusqu'au sommet qui est séparément arrondi et dentelé. Dessous finement granuleux ; pattes à peine ponctuées.

Pernambuco : Pery-Pery (E. Gounelle).

Agrilus munificus nov. sp. — *Assez convexe, élargi au tiers supérieur, d'un noir verdâtre, brillant, couvert sur les côtés du pronotum d'une villosité grisâtre ; une large bande élytrale médiane, la dépression basilaire et le sommet des élytres couverts de la même villosité, la bande élytrale plus étroite sur les côtés que vers la suture, où elle remonte vers la base. Dessous bronzé, obscur sur le sternum, clair sur l'abdomen et sur les fémurs ; le sternum couvert d'une courte villosité blanche ; une tache villeuse et blanchâtre sur les côtés du deuxième et du troisième segments abdominaux. — Long., 4-5 ; larg., 1-1,3 mill.*

Tête granuleuse, couverte de petites rides longitudinales et sinueuses ; front vaguement impressionné ; vertex faiblement sillonné ; antennes médiocres, dentées à partir du quatrième article. Pronotum presque aussi haut que large, couvert de petites rides sinueuses et transversales, déprimé sur les côtés et au milieu du disque, la dépression discale formant deux vagues fossettes superposées ; la marge antérieure bisinuée avec le lobe médian avancé et arqué ; les côtés arrondis en avant, droits au milieu, légèrement rentrants vers la base avec l'angle postérieur un peu abaissé et aigu ; la base bisinuée avec le lobe médian tronqué ; carène postérieure à peine arquée, perpendiculaire à la base ; carène antérieure subsinueuse et parallèle à l'inférieure qu'elle rejoint avant la base. Écusson caréné transversalement. Élytres de la largeur du pronotum et déprimés de part et d'autre à la base, couverts de petites rugosités simulant des écailles, sauf sur les bandes villeuses et à l'extrémité, ceux-ci très finement granuleux dans leur fond ; à peine sinueux sur les côtés à hauteur des hanches postérieures, élargis au tiers supérieur et y laissant à découvert la région latéro-dorsale des deux premiers segments abdominaux, atténués ensuite en ligne droite jusqu'au sommet qui est séparément arrondi et finement dentelé. Dessous granuleux ; pattes à peine ponctuées.

Bahia : S. Antonio da Barra (E. Gounelle).

Agrilus expolitus nov. sp. — *Allongé, peu convexe, atténué à l'extrémité, d'un bronzé très obscur, les élytres couverts d'une villosité d'un jaune fauve, avec une bande transversale glabre postmédiane ; le front verdâtre, le pronotum d'un bronzé plus clair que les élytres. Dessous couvert d'une très courte villosité blanchâtre émergeant de la ponctuation et plus dense sur les côtés des segments abdominaux.* — Long., 5,3 ; larg., 1,3 mill.

Tête granuleuse et couverte de petites rides irrégulières et longitudinales ; antennes presque aussi longues que le pronotum, à articles allongés, dentés à partir du quatrième. Pronotum presque aussi large que haut, couvert de petites rides transversales et irrégulières, déprimé de part et d'autre sur les côtés et sur le disque, la dépression discale formant deux vagues fossettes superposées ; la marge antérieure bisinuée avec le lobe médian arrondi ; les côtés régulièrement arqués avec l'angle postérieur abaissé, petit, aigu et légèrement saillant en dehors ; la base bisinuée avec le lobe médian avancé et à peine échancré ; carène postérieure droite, perpendiculaire à la base ; carène antérieure très sinueuse ; carène inférieure droite, rejoignant l'antérieure un peu au delà de son milieu et formant une corde dont la précédente serait l'arc. Écusson bicaréné transversalement. Élytres de la largeur du pronotum et déprimés de part et d'autre à la base, couverts de petites rugosités simulant des écailles, plans sur le disque, déclives sur les côtés et sur leur moitié postérieure ; vaguement évidés le long de la suture, sinueux sur les côtés à hauteur des hanches postérieures, légèrement élargis au tiers supérieur et laissant à découvert une très petite portion latéro-dorsale du premier segment abdominal, atténués ensuite en ligne droite jusqu'au sommet qui est séparément arrondi et dentelé. Dessous finement granuleux ; pattes à peine ponctuées.

Bahia : S. Antonio da Barra ; Pernambuco : Pery-Pery (E. Gounelle).

Agrilus arnus Gory, *Monogr. supp.*, t. 4 (1841), p. 232, pl. 38, fig. 223.

Pernambuco : Serra de Communaty (E. Gounelle) ; Goyaz : Jatahy (Ch. Pujol).

Agrilus lucens nov. sp. — *Allongé, peu convexe ; front vert ; pronotum bronzé doré clair ; élytres d'un bronzé pourpré et ornés, de part et d'autre, de trois mouchetures blanchâtres longeant la suture et situées : la première dans la dépression discale, la deuxième au tiers antérieur et la troisième au tiers supérieur. Dessous bronzé ; fémurs verdâtres.* — Long., 5,8 ; larg., 1,3 mill.

Tête convexe, très finement granuleuse ; vertex légèrement concave ; antennes courtes, dentées à partir du quatrième article.

Pronotum un peu plus haut que large, couvert de petites rides sinueuses et transversales, déprimé de part et d'autre sur les côtés ; la marge antérieure bisinuée avec le lobe médian avancé et arqué ; les côtés régulièrement et peu sensiblement arqués ; la base bisinuée avec le lobe médian faiblement échancré ; carène postérieure arquée en arrière, sinueuse et remontant le long de l'antérieure pour la rejoindre vers le haut ; carène antérieure subsinueuse ; carène inférieure presque droite, assez éloignée de la précédente et la rejoignant vers la base. Écusson caréné transversalement. Élytres de la largeur du pronotum et déprimés de part et d'autre à la base, couverts de rugosités simulant des écailles, sinueux sur les côtés à hauteur des hanches postérieures, légèrement élargis au tiers supérieur, atténués ensuite en ligne droite jusqu'au sommet, qui est subtronqué, séparément arrondi et dentelé. Dessous finement granuleux et chagriné ; pattes à peine ponctuées.

Goyaz : Jatahy (Ch. Pujol).

Agrilus eximius nov. sp. — *Allongé, acuminé au sommet, d'un bronzé un peu plus clair et plus brillant sur le pronotum que sur les élytres, ceux-ci ornés de part et d'autre de trois mouchetures blanchâtres situées contre la suture, la première dans la dépression discale, la deuxième au tiers antérieur et la troisième au tiers postérieur. Dessous couvert d'une villosité molle, couchée et blanchâtre.* — Long., 5,2 ; larg., 1 mill.

Tête finement granuleuse, convexe ; antennes presque aussi longues que le pronotum, à articles allongés, dentés à partir du cinquième. Pronotum un peu plus haut que large, couvert de petites rides sinueuses et transversales, déprimé de part et d'autre sur les côtés et sur le disque, la dépression discale formant deux vagues fossettes superposées ; la marge antérieure bisinuée ; les côtés obliquement tronqués en avant, droits au milieu et sinueux en arrière avec l'angle postérieur aigu ; carène postérieure droite, perpendiculaire à la base ; carène antérieure droite en arrière, sinueuse en avant ; carène inférieure formant la corde d'un arc formé par la précédente et la rejoignant vers le tiers inférieur. Écusson caréné transversalement. Élytres de la largeur du pronotum et déprimés de part et d'autre à la base, couverts de rugosités simulant des écailles et de petites rides transversales ; sinueux sur les côtés à hauteur des hanches postérieures, légèrement élargis au tiers supérieur, atténués ensuite en ligne droite jusqu'au sommet qui est conjointement acuminé et dentelé avec un très petit vide anguleux sutural. Dessous finement granuleux ; pattes à peine ponctuées.

Brésil (L. Fairmaire).

Agrilus ignavus nov. sp. — *Assez convexe, légèrement élargi au tiers supérieur, très atténué à l'extrémité, d'un bronzé très obscur en dessus, les élytres ornés de part et d'autre de trois mouchetures d'un jaune sale et situées : la première dans la dépression discale, la deuxième, contre la suture, au tiers antérieur et la troisième au tiers supérieur. Dessous couvert d'une villosité blanche, très courte et émergeant de la ponctuation. — Long., 4,7 ; larg., 0,8 mill.*

Tête finement granuleuse, faiblement sillonnée dans toute sa longueur ; antennes courtes et dentées à partir du quatrième article. Pronotum à peine aussi haut que large, couvert de petites rides sinueuses et transversales, déprimés de part et d'autre sur les côtés et sur le disque, la dépression discale à peine sensible et formant deux vagues fossettes superposées ; la marge antérieure bisinuée avec le lobe médian avancé et arrondi ; les côtés arqués en avant et obliques en arrière avec l'angle postérieur petit abaissé et aigu ; la base bisinuée avec le lobe médian tronqué ; carène postérieure peu saillante, arquée et rejoignant l'antérieure vers le milieu des côtés ; carène antérieure à peine sinueuse et subparallèle à l'inférieure. Écusson caréné transversalement. Élytres de la largeur du pronotum et déprimés de part et d'autre à la base, couverts de petites rugosités imitant des écailles, sinueux sur les côtés à hauteur des hanches postérieures, légèrement élargis au tiers supérieur et laissant à découvert la région latéro-dorsale du premier segment abdominal, atténués ensuite suivant une ligne peu sinueuse jusqu'au sommet qui est séparément arrondi et dentelé avec, de part et d'autre, une dent médiane un peu plus accentuée que les autres. Dessous très finement granuleux en avant ; l'abdomen et les pattes presque lisses.

Goyaz : Jatahy (Ch. Pujol).

Agrilus impudens nov. sp. — *Étroit, allongé, entièrement noir ; le front vert mat ; les côtés antérieurs du pronotum verdâtres, les élytres ornés de part et d'autre de trois vagues mouchetures blanchâtres situées le long de la suture, la première dans la dépression élytrale, la deuxième au tiers antérieur et la troisième au tiers supérieur. — Long., 4 ; larg., 0,7 mill.*

Tête finement granuleuse, convexe, faiblement sillonnée dans toute sa longueur ; antennes médiocres, dentées à partir du quatrième article. Pronotum plus haut que large, couvert de petites les rides sinueuses et transversales, déprimé de part et d'autre sur côtés, à peine impressionné sur le disque ; la marge antérieure bisinuée avec le lobe médian avancé et arrondi ; les côtés arqués ; la base fortement bisinuée avec le lobe médian échancré ; carène postérieure peu saillante, arquée et rejoignant l'antérieure vers le milieu des côtés ; carène antérieure droite et subparallèle à l'inférieure. Écusson caréné transversalement. Élytres de la largeur du pronotum et déprimés de part et d'autre à la base, couverts de rugosités simulant des petites écailles, sinueux sur les côtés à hauteur des hanches postérieures, laissant à découvert une portion latérodorsale du premier segment abdominal, légèrement élargis au tiers supérieur, atténués ensuite en ligne droite jusqu'au sommet qui est séparément arrondi et dentelé. Dessous finement granuleux ; pattes presque lisses.

Pernambuco : Serra de Communaty (E. Gounelle).

Agrilus affabilis nov. sp. — *Écourté, convexe, d'un noir violacé à reflets pourprés avec le front d'un vert clair et brillant, les élytres garnis au milieu du disque et à leur quart supérieur d'une vestiture grise peu dense ; dessous d'un bronzé doré verdâtre ; hanches postérieures bleues.* — Long., 5,3 ; larg., 1,3 mill.

Tête convexe, finement granuleuse et faiblement sillonnée dans toute sa longueur. Pronotum un peu plus haut que large, convexe, plus étroit en avant qu'en arrière, couvert de petites rides circulaires et concentriques dont le centre commun est situé au milieu du bord supérieur ; la marge antérieure bisinuée avec le lobe médian large, avancé et subanguleux ; les côtés arqués en avant et sinueux en arrière avec l'angle postérieur aigu et saillant en dehors ; la base fortement bisinuée avec le lobe médian large, avancé et arqué ; carène postérieure arquée, rejoignant l'antérieure vers son milieu ; carène antérieure droite ; carène inférieure éloignée de la précédente, la rejoignant vers la base. Écusson caréné transversalement. Élytres de la largeur du pronotum et profondément impressionnés de part et d'autre à la base, couverts de rugosités simulant des écailles ; les côtés sinueux à hauteur des hanches postérieures, légèrement élargis ensuite de façon à laisser visible en dessus la région latérale des segments abdominaux, atténués ensuite jusqu'au sommet où ils sont séparément arrondis et dentelés. Dessous finement granuleux ; pattes à peine ponctuées.

Rio : Tijuca (E. Gounelle).

Agrilus frigidus Gory, *Monogr. supp.*, t. 4 (1841), p. 254, pl. 42, fig. 247.

Paraguay : Asuncion (Revoil).

Agrilus venustus nov. sp. — *Peu convexe, élargi au tiers supérieur, très atténué à l'extrémité ; front bronzé clair ; pronotum d'un vert très obscur ; élytres d'un bronzé noirâtre avec une bande transversale, postmédiane et d'un bleu d'acier. Dessous bronzé ; abdomen verdâtre.* — Long., 4,5 ; larg., 0,8 mill.

Tête granuleuse, sillonnée dans toute sa longueur, le sillon plus accentué en arrière qu'en avant; antennes courtes, dentées à partir du quatrième article. Pronotum à peine plus large que haut, couvert de petites rides sinueuses et transversales, vaguement sillonné sur le disque, déprimé de part et d'autre sur les côtés; la marge antérieure bisinuée avec le lobe médian très avancé et subanguleux; les côtés régulièrement arqués; la base bisinuée avec le lobe médian tronqué; carène postérieure peu arquée, assez rapprochée de l'antérieure et la rejoignant vers le milieu d⋅s côtés; carène antérieure droite; carène inférieure sinueuse, subparallèle à la précédente. Écusson caréné transversalement. Élytres de la largeur du pronotum et déprimés de part et d'autre à la base, couverts de rugosités simulant des écailles, peu sinueux sur les côtés à hauteur des hanches postérieures, à peine élargis au tiers supérieur, laissant à découvert une notable portion de la région latéro-dorsale du premier segment abdominal, atténués ensuite jusqu'au sommet qui est séparément arrondi et dentelé. Dessous granuleux; pattes à peine ponctuées.

Pernambuco : Pery-Pery (E. Gounelle).

Agrilus laudabilis nov. sp. — *Allongé, peu convexe, atténué à l'extrémité; tête d'un bronzé rougeâtre, pronotum et élytres verts; dessous bronzé, pattes rougeâtres, antennes et tarses d'un noir bronzé brillant.* — Long., 6; larg., 1,3 mill.

Tête convexe, finement ponctuée et couverte de petites rugosités simulant des écailles, sillonnée dans toute sa longueur. Pronotum à peine plus haut que large, couvert de petites rides sinueuses, transversales et parallèles, déprimé de part et d'autre sur les côtés et vaguement impressionné au-dessus de l'écusson; la marge antérieure bisinuée avec le lobe médian avancé et arrondi; les côtés faiblement arqués en avant, sinueux en arrière avec l'angle postérieur aigu; la base fortement bisinuée avec le lobe médian avancé et arrondi; carène postérieure arquée, rejoignant l'antérieure vers sa moitié; carène antérieure sinueuse; carène inférieure subparallèle à l'antérieure et s'en rapprochant insensiblement pour la rejoindre vers la base. Écusson sillonné transversalement. Élytres de la largeur du pronotum et déprimés de part et d'autre à la base, couverts de rugosités simulant des très petites écailles; les côtés sinueux à hauteur des hanches postérieures, légèrement élargis au tiers supérieur, ensuite atténués jusqu'au sommet où ils sont séparément arrondis et dentelés. Dessous finement granuleux; pattes à peine ponctuées.

Minas Geraez : Caraça (E. Gounelle).

Agrilus turgitus nov. sp. — *Allongé, élargi au tiers supérieur et acuminé au sommet, d'un bronzé obscur et brillant; les côtés du pronotum et ses dépressions médianes garnis d'une villosité rousse; les*

*élytres ornés de part et d'autre de quatre mouchetures villeuses, rous-
sâtres, et situées : la première dans la dépression basilaire, la deuxième
au tiers antérieur, la troisième au tiers supérieur et la quatrième au
sommet. Dessous bronzé, garni d'une courte villosité blanche. —*
Long., 6 ; larg., 1,3 mill.

Tête finement granuleuse, garnie d'une courte villosité blanchâtre ;
vertex sillonné ; antennes courtes, dentées à partir du quatrième
article. Pronotum à peine plus large que haut, couvert de petites
rides sinueuses et transversales, déprimé de part et d'autre sur les
côtés et sur le disque, la dépression discale formant deux fossettes
superposées, l'inférieure subtriangulaire, la supérieure arrondie ; la
marge antérieure bisinuée avec le lobe médian avancé et subanguleux ; les côtés arqués avec l'angle postérieur abaissé, petit, aigu et
un peu saillant en dehors ; la base bisinuée avec le lobe médian large
et arqué ; carène postérieure peu saillante, arquée, n'atteignant pas
l'antérieure ; carène antérieure subsinueuse, rapprochée de l'inférieure et subparallèle à celle-ci qui la rejoint vers le quart de la base.
Écusson caréné transversalement. Élytres de la largeur du pronotum et déprimés de part et d'autre à la base, couverts de rugosités
simulant des écailles, sinueux sur les côtés à hauteur des hanches
postérieures et laissant à découvert la région latéro-dorsale du premier segment abdominal, légèrement élargis au tiers supérieur,
ensuite atténués en ligne droite jusqu'au sommet qui est séparément
arrondi et dentelé. Dessous finement granuleux ; pattes à peine
ponctuées.

Bahia : S. Antonio da Barra (E. Gounelle).

Agrilus urbanus nov. sp. — *Allongé, peu convexe en dessus,
atténué à l'extrémité, tête d'un bronzé rougeâtre ainsi que le dessous ;
pronotum et élytres d'un noir verdâtre.* — Long., 6 ; larg., 0,8 mill.

Tête convexe, finement et irrégulièrement ponctuée, couverte de
petites rides longitudinales et sillonnée dans toute sa longueur ; front
déprimé. Pronotum plus haut que large, un peu plus large en avant
qu'en arrière, couvert de petites rides sinueuses, transversales et
parallèles, déprimé sur le disque ; la dépression peu profonde, un
peu plus accentuée vers la base que vers le sommet ; la marge antérieure sinueuse avec le lobe médian large, avancé et arqué ; les côtés
arqués, avec l'angle postérieur légèrement saillant au dehors ; la
base fortement bisinuée avec le lobe médian tronqué ; carène postérieure arquée, rejoignant l'antérieure vers son milieu ; carène antérieure droite ; carène inférieure sinueuse et rejoignant la précédente
au delà de sa jonction avec la postérieure. Écusson caréné transversalement. Élytres de la largeur du pronotum et déprimés de part et
d'autre à la base, couverts de rugosités simulant des petites écailles,
sinueux sur les côtés à hauteur des hanches postérieures, à peine

élargis au tiers supérieur où ils laissent à nu la portion latérale et supérieure des segments abdominaux, atténués ensuite en ligne droite jusqu'au sommet où ils sont séparément arrondis et multi-épineux, l'épine médiane plus accentuée que les autres. Dessous granuleux et ponctué, couvert d'une pubescence blanchâtre peu dense ; pattes ponctuées.

Bahia : S. Antonio da Barra (E. Gounelle).

Agrilus timidus nov. sp. — *Allongé, atténué à l'extrémité, d'un bronzé cuivreux en dessus; dessous bronzé clair et brillant.* — Long., 8,5; larg., 2,2 mill.

Tête peu convexe, couverte de points ocellés très rapprochés et régulièrement espacés ; front aplani, sillonné dans toute sa longueur, le sillon large, formé de vagues fossettes superposées. Pronotum à peine plus haut que large, couvert de petites rides sinueuses, parallèles et transversales, profondément impressionné de part et d'autre sur les côtés, largement et peu profondément sillonné sur le disque, le sillon formé de deux fossettes dont l'inférieure est un peu plus grande que la supérieure ; la marge antérieure fortement bisinuée avec le lobe médian très avancé ; les côtés arrondis en avant et sinueux en arrière ; la base fortement bisinuée avec le lobe médian avancé et légèrement échancré ; carène postérieure courte, arquée et ne rejoignant pas l'antérieure ; celle-ci sinueuse et subparallèle à l'inférieure, dont elle est très rapprochée. Écusson caréné transversalement. Élytres de la largeur du pronotum, largement et profondément impressionnés de part et d'autre à la base, couverts de rugosités simulant des très petites écailles et de petites rides transversales et irrégulières ; sinueux sur les côtés à hauteur des hanches postérieures, légèrement élargis au tiers supérieur, atténués ensuite en ligne droite jusqu'au sommet où ils sont séparément arrondis et dentelés. Dessous finement granuleux ; pattes ponctuées.

Minas Geraez : Caraça (E. Gounelle).

Agrilus æstimatus nov. sp. — *Allongé, convexe, atténué à l'extrémité, entièrement d'un noir violacé avec le front d'un vert clair.* — Long., 6 ; larg., 1,3 mill.

Tête finement granuleuse et couverte de points régulièrement espacés ; front à peine sillonné. Pronotum un peu plus haut que large, couvert depetites rides sinueuses et transversales, vaguement déprimé sur le disque au-dessus de l'écusson et impressionné de part et d'autre sur les côtés ; la marge antérieure bisinuée avec le lobe médian large, très avancé et arqué ; les côtés régulièrement arqués ; la base fortement bisinuée avec le lobe médian avancé et tronqué ; carène postérieure très arquée à la base, sinueuse ensuite et rejoignant l'antérieure vers le sommet ; carène antérieure presque droite; carène inférieure subparallèle à l'antérieure et se confondant avec elle vers la base ; ces trois carènes peu nettes, point lisses et plutôt crénelées. Écusson caréné et sillonné transversalement. Élytres un peu plus larges que le pronotum et déprimés de part et d'autre à la base, couverts de rugosités simulant des écailles, à peine sinueux sur les côtés et à peine élargis au tiers postérieur, atténués ensuite en ligne droite jusqu'au sommet qui est séparément arrondi et très finement den_telé. Dessous finement granuleux; pattes à peine ponctuées.

Minas Geraez : Matusinhos (E. Gounelle).

Agrilus voluptuosus nov. sp. — *Allongé, peu convexe, élargi au tiers supérieur, très atténué à l'extrémité, bronzé en dessus avec la moitié intérieure des élytres garnie d'une villosité grisâtre très espacée en arrière et formant, sur la partie antérieure, de part et d'autre, deux mouchetures superposées; la région dorso-latérale des segments abdominaux visible en dessus et ornée d'une tache villeuse et jaune. Dessous bronzé, couvert d'une très courte villosité blanche, très espacée.* — Long., 6; larg., 1,2 mill.

Tête convexe, irrégulièrement ponctuée, sillonnée dans toute sa longueur; antennes courtes, dentées à partir du quatrième article. Pronotum presque aussi haut que large, couvert de rides sinueuses et transversales, déprimé de part et d'autre sur les côtés et sur le disque, la dépression discale formant deux fossettes superposées; la marge antérieure bisinuée avec le lobe médian avancé, large et arrondi; les côtés régulièrement arqués, avec l'angle postérieur abaissé, petit et aigu; carène postérieure arquée rejoignant l'antérieure au delà du milieu des côtés; carène antérieure droite, subparallèle à l'inférieure et assez parallèle à celle-ci. Écusson caréné transversalement. Élytres de la largeur du pronotum et déprimés de part et d'autre à la base, couverts de rugosités simulant des petites écailles, sinueux sur les côtés à hauteur des hanches postérieures, laissant à découvert la région latéro-dorsale des segments abdominaux, légèrement élargis au tiers supérieur, atténués ensuite en ligne droite jusqu'au sommet, qui est séparément arrondi, légèrement acuminé de part et d'autre et dentelé, la dent médiane un peu plus accentuée que les autres; ils sont, en outre, légèrement évidés le long de la suture. Dessous granuleux en avant et ponctué en arrière; pattes finement pointillées.

Bahia : S. Antonio da Barra (E. Gounelle).

Agrilus opimus nov. sp. — *Assez grand, subcylindrique, convexe, entièrement noir, les côtés du pronotum et les élytres ornés de part et d'autre d'une bande longitudinale formant le prolongement l'une de l'autre et d'un roux doré clair; région latéro-dorsale des* *segments abdominaux d'un roux doré clair. Dessous noir avec les côtés du métasternum, les épipleures métasternales et les côtés des hanches postérieures garnis d'une efflorescence d'un roux doré clair. —* Long., 7; larg., 1,6 mill.

Tête très rugueuse, creusée entre les yeux, couverte d'une villosité blanchâtre; antennes courtes, dentées à partir du quatrième article. Pronotum un peu plus large que haut, convexe, couvert de petites rides transversales et sinueuses, largement déprimé de part et d'autre sur les côtés, le disque vaguement sillonné au milieu avec, de part et d'autre du sillon, une fossette peu profonde située plus près du bord antérieur que de la base; la marge antérieure bisinuée avec le lobe médian avancé et arrondi; les côtés régulièrement arqués, avec l'angle postérieur très légèrement saillant en dehors, abaissé et aigu; la base bisinuée avec le lobe médian avancé et tronqué; carène postérieure arquée et rejoignant l'antérieure vers le milieu des côtés; carène antérieure subsinueuse; carène inférieure presque droite, subparallèle à la précédente et la rejoignant vers le quart inférieur. Écusson caréné transversalement. Élytres convexes, de la largeur du pronotum et légèrement déprimés de part et d'autre à la base, couverts de rugosités simulant des petites écailles, à peine sinueux sur les côtés à hauteur des hanches postérieures, laissant à découvert la région latéro-dorsale des segments abdominaux, légèrement élargis au tiers supérieur, atténués ensuite suivant une courbe peu accusée jusqu'au sommet qui est séparément arrondi et dentelé; ils sont en outre faiblement évidés le long de la suture vers le sommet. Dessous granuleux, laissant émerger de la ponctuation des poils très courts et blanchâtres; pattes finement ponctuées.

Goyaz : Jatahy (Ch. Pujol).

Agrilus sensitivus nov. sp. — *Assez convexe, subcylindrique; front bronzé; pronotum bronzé verdâtre, vert ou bleu, garni sur les côtés d'une villosité jaunâtre; élytres d'un bronzé pourpré, parfois verdâtre, ornés d'une bande villeuse et d'un jaune fauve, longeant la suture; région latéro-dorsale des segments abdominaux garnie d'une villosité d'un jaune fauve. Dessous noir, légèrement bronzé, garni d'une villosité rousse, dense sur les côtés de chacun des segments abdominaux où elle forme des taches transversales. —* Long., 7,5; larg., 1,7 mill.

Tête granuleuse, convexe, couverte d'une villosité fauve; front aplani; vertex sillonné; antennes courtes, dentées à partir du quatrième article. Pronotum un peu plus haut que large, couvert de petites rides sinueuses et transversales, largement déprimé de part et d'autre sur les côtés; vaguement sillonné sur le milieu du disque,

avec, de chaque côté du sillon, une fossette peu accusée et située
plus près du bord antérieur que de la base ; la marge antérieure
bisinuée avec le lobe médian large, avancé et arqué ; les côtés droits,
un peu rentrants en avant et en arrière avec l'angle postérieur
abaissé, petit et aigu ; la base bisinuée avec le lobe médian avancé
et tronqué ; carène postérieure peu sensible, arquée, et se perdant
dans la contexture générale ; carène antérieure peu sinueuse et subparallèle à l'inférieure qui la rejoint vers la base. Écusson caréné
transversalement. Élytres convexes, déprimés le long de la base et
le long de la suture, de la largeur du pronotum et couverts de rugosités simulant des petites écailles, sinueux sur les côtés à hauteur
des hanches postérieures, laissant à découvert la région latéro-dorsale des segments abdominaux, légèrement élargis au tiers supérieur, atténués ensuite suivant une courbe peu accusée jusqu'au
sommet qui est séparément arrondi et à peine dentelé. Dessous granuleux, couvert de rugosités simulant des écailles ; pattes finement
ponctuées.

Goyaz : Jatahy (Ch. Pujol).

Agrilus desideratus nov. sp. — *Étroit, allongé, peu convexe,
noirâtre en dessus, le pronotum légèrement bronzé, les élytres ornés,
le long de la suture, d'une très vague bande roussâtre. Dessous bronzé,
garni d'une très courte villosité blanche ; pattes un peu plus claires que
le dessous.* — Long., 6 ; larg., 1 mill.

Tête forte, convexe, finement granuleuse ; vertex sillonné ;
antennes assez longues, à articles dentés et transversaux à partir du
quatrième. Pronotum plus haut que large, un peu plus large en
avant qu'en arrière, couvert de petites rides sinueuses et transversales, largement déprimé de part et d'autre sur les côtés, sillonné
au milieu, le sillon formant deux fossettes superposées ; la marge
antérieure à peine sinueuse ; les côtés arqués en avant et sinueux en
arrière avec l'angle postérieur saillant en dehors et aigu ; la base
bisinuée avec le lobe médian large et tronqué ; carène postérieure
peu arquée et rejoignant l'antérieure vers le milieu ; carène antérieure sinueuse, subparallèle à l'inférieure, se rapprochant insensiblement de celle ci pour la rejoindre vers la base. Écusson caréné
transversalement. Élytres de la largeur du pronotum et déprimés de
part et d'autre à la base, légèrement évidés le long de la suture,
couverts de petites rugosités simulant des écailles, sinueux sur les
côtés à hauteur des hanches postérieures, légèrement élargis au
tiers supérieur, atténués ensuite en ligne droite jusqu'au sommet
qui est séparément arrondi et dentelé. Dessous finement granuleux ;
pattes ponctuées.

Amazones : Obydos (M. de Mathan, par R. Oberthür).

Agrilus amazonicus nov. sp. — *Allongé, convexe, d'un vert sombre et mat en dessus, les côtés du pronotum et la région latéro-dorsale des segments abdominaux couverts d'une villosité d'un jaune pâle. Dessous bronzé verdâtre, brillant et couvert d'une courte villosité blanche émargeant de la ponctuation ; fémurs rougeâtres.* — Long., 6 ; larg., 1,2 mill.

Tête finement ponctuée, convexe, sillonnée dans toute sa longueur ; front orné de part et d'autre d'une moucheture transversale, légèrement oblique et formée d'une villosité blanchâtre ; antennes courtes, dentées à partir du quatrième article. Pronotum un peu plus large que haut, couvert de rides sinueuses et transversales, un peu plus large en avant qu'en arrière, déprimé de part et d'autre sur les côtés ; la marge antérieure bisinuée ; les côtés arqués en avant et sinueux en arrière avec l'angle postérieur petit, abaissé et aigu ; la base bisinuée avec le lobe médian large et tronqué ; carène postérieure peu saillante et arquée, rejoignant l'antérieure avant le milieu des côtés ; carène antérieure sinueuse, peu saillante ; carène inférieure droite, très rapprochée de l'antérieure et la rejoignant à hauteur de sa jonction avec la postérieure. Écusson caréné transversalement. Élytres de la largeur du pronotum et déprimés de part et d'autre à la base, finement granuleux et couverts de très petites rugosités simulant des écailles ; sinueux sur les côtés à hauteur des hanches postérieures, laissant à découvert la région latéro-dorsale des segments abdominaux, légèrement élargis au tiers supérieur, atténués ensuite jusqu'au sommet qui est séparément arrondi, dentelé et subacuminé avec un très petit vide anguleux sutural. Dessous finement granuleux en avant et ponctué en arrière ; pattes presque lisses.

Amazones : Itaïtuba (Staudinger) ; Goyaz : Jatahy (Ch. Pujol).

Agrilus strigosus nov. sp. — *Allongé, peu convexe, atténué à l'extrémité, d'un noir verdâtre en dessus avec, sur chaque élytre, près de la suture et vers le quart supérieur, une petite tache villeuse grisâtre ; tête verte ; dessous noir, brillant et couvert d'une courte vestiture d'un gris blanchâtre.* — Long., 5,5 ; larg., 1 mill.

Tête peu convexe, très finement granuleuse et régulièrement ponctuée ; front faiblement sillonné dans toute sa longueur, le sillon longitudinal et traversé par un très vague sillon transversal. Pronotum un peu plus haut que large, à peine plus large en avant qu'en arrière, très finement granuleux et couvert de très petites rides sinueuses et transversales ; la marge antérieure bisinuée avec le lobe médian très avancé et subanguleux ; les côtés régulièrement arqués en avant et sinueux en arrière avec l'angle postérieur légèrement abaissé et aigu ; la base fortement bisinuée avec le lobe médian avancé et arqué; carène postérieure à peine sensible à la base; carène antérieure subsinueuse; carène inférieure arquée au sommet et se rapprochant insensiblement de la précédente vers la base. Écusson caréné transversalement. Élytres de la largeur du pronotum et faiblement impressionnés de part et d'autre à la base, couverts de petites rugosités simulant des écailles; les côtés sinueux à hauteur des hanches postérieures, élargis au tiers supérieur, ensuite atténués en ligne droite jusqu'au sommet où ils sont séparément arrondis et très faiblement dentelés. Dessous finement granuleux.

Minas Geraez : Caraça (E. Gounelle).

Agrilus vescus nov. sp. — *Écourté, convexe, d'un noir violacé brillant en dessus avec la région latéro-dorsale des segments abdominaux garnie d'une efflorescence d'un roux doré. Dessous d'un bronzé très obscur avec les côtés des hanches postérieures et les épisternes métathoraciques garnis d'une villosité d'un roux doré.* — Long., 6; larg., 1,5 mill.

Tête granuleuse et ponctuée; front légèrement concave; antennes courtes, dentées à partir du quatrième article. Pronotum plus large que haut, couvert de petites rides sinueuses et transversales, déprimé de part et d'autre sur les côtés, sillonné longitudinalement au milieu, le sillon plus large à la base qu'au sommet avec, de part et d'autre, plus près de la marge antérieure que de la base, une vague fossette; la marge antérieure formant un léger bourrelet sur les côtés, fortement bisinuée avec le lobe médian très avancé et subanguleux; les côtés très arqués avec l'angle postérieur obtus; la base bisinuée avec le lobe médian très large et arqué; carène postérieure sinueuse, très arquée, rejoignant l'antérieure vers le milieu; carène antérieure très sinueuse en avant, presque droite en arrière, formant, vers la moitié antérieure, un arc dont l'inférieure est la corde et, vers la moitié postérieure, la corde de l'arc formé par la postérieure. Écusson caréné transversalement. Élytres de la largeur du pronotum et déprimés de part et d'autre à la base avec le calus huméral saillant; couverts de rugosités simulant des écailles, sinueux sur les côtés à hauteur des hanches postérieures et laissant à découvert la région latéro-dorsale des segments abdominaux; légèrement élargis au tiers supérieur, obliquement atténués ensuite en ligne droite jusqu'au sommet qui est largement arrondi, subtronqué et fortement dentelé. Dessous granuleux; pattes finement ponctuées.

Pernambuco : Serra de Communaty (E. Gounelle).

Agrilus fastigatus nov. sp. — *Allongé, peu convexe, atténué à l'extrémité; tête d'un bronzé doré très brillant; pronotum bronzé clair et brillant; élytres d'un bronzé obscur. Dessous bronzé et brillant*

*avec, de part et d'autre, une moucheture de poils blancs au milieu du
métasternum et sur les côtés de chacun des segments abdominaux ;
région latéro-dorsale du premier de ceux-ci également mouchetée de
blanc.* — Long., 9; larg., 1,7 mill.

Tête granuleuse et ponctuée, garnie de petites rides transversales,
sillonnée dans toute sa longueur, le sillon plus accentué vers le
vertex où il limite deux lobes saillants ; antennes courtes, dentées à
partir du quatrième article. Pronotum plus long que large, couvert
de petites rides sinueuses et transversales, largement sillonné au
milieu, déclive et impressionné sur les côtés ; la marge antérieure
bisinuée avec le lobe médian large, très avancé et très arqué ; les
côtés arqués en avant et sinueux en arrière avec l'angle postérieur
petit, saillant, abaissé et aigu ; la base bisinuée avec le lobe médian
avancé et échancré ; carène postérieure petite, peu arquée, perpendiculaire à la base et subparallèle à l'antérieure ; celle-ci très
sinueuse et très éloignée de l'inférieure. Écusson caréné transversalement. Élytres de la largeur du pronotum et déprimés de part
et d'autre à la base, largement et peu profondément évidés le long
de la suture qui est élevée ; couverts de rugosités simulant des
écailles ; sinueux sur les côtés à hauteur des hanches postérieures,
légèrement élargis au tiers supérieur, atténués ensuite suivant une
ligne oblique et très faiblement sinueuse jusqu'au sommet qui est
séparément arrondi et dentelé. Dessous granuleux et ponctué ;
abdomen et pattes peu ponctués.

Brésil (L. Fairmaire).

Agrilus placens nov. sp. — *Allongé, plan en dessus, convexe en
dessous, atténué à l'extrémité, entièrement d'un bronzé brillant, la
tête, le pronotum et l'extrémité des élytres légèrement cuivreux ; une
moucheture blanche, des deux côtés, à la base du troisième segment
abdominal.* — Long., 6,2; larg., 3 mill.

Tête finement granuleuse et régulièrement ponctuée, étroitement
et peu profondément sillonnée dans toute sa longueur. Pronotum
plus haut que large et un peu plus étroit à la base qu'au sommet,
couvert de petites rides semicirculaires en avant et transversales en
arrière, le disque vaguement impressionné au-dessus de l'écusson ;
la marge antérieure bisinuée avec le lobe médian avancé et arqué ;
les côtés faiblement arqués ; la base fortement bisinuée avec le lobe
médian avancé et arqué ; carène postérieure peu arquée et rejoignant l'antérieure vers le tiers de sa hauteur ; carène antérieure peu
sinueuse et peu nette ; carène inférieure subparallèle à la précédente
et la rejoignant vers la base. Écusson caréné transversalement.
Élytres de la largeur du pronotum et impressionnés de part et
d'autre à la base, finement granuleux et couverts de très petites

rugosités simulant des écailles, sinueux sur les côtés à hauteur des hanches postérieures, à peine élargis au tiers supérieur et laissant à découvert la région latérale et dorsale des segments abdominaux ; atténués ensuite en ligne droite jusqu'au sommet qui est séparément arrondi et assez fortement dentelé. Dessous granuleux ; sternum peu rugueux ; pattes ponctuées.

Rio : Tijuca (E. Gounelle).

Agrilus cardiaspis nov. sp. — *Écourté, assez convexe, d'un bronzé obscur en dessus ; tête et fémurs verts. Dessous bronzé obscur.* — Long., 6 ; larg., 1,3 mill.

Tête granuleuse, régulièrement ponctuée, faiblement sillonnée dans toute sa longueur ; antennes courtes, dentées à partir du quatrième article. Pronotum un peu plus large que haut, plus étroit en avant qu'en arrière, couvert de rides sinueuses et transversales, déprimé et déclive de part et d'autre sur les côtés, impressionné au milieu vers la base, l'impression peu profonde et arrondie ; la marge antérieure bisinuée avec le lobe médian large, avancé et très arqué, les côtés un peu obliques en avant et droits en arrière avec l'angle postérieur presque droit ; la base bisinuée avec le lobe médian arqué ; carène postérieure peu saillante, à peine arquée et rejoignant l'antérieure vers le milieu des côtés ; carène antérieure sinueuse, subparallèle à l'inférieure qui la rejoint vers le quart inférieur. Écusson transversal, oblong, non caréné. Élytres de la largeur du pronotum et déprimés de part et d'autre à la base, couverts de rugosités simulant des petites écailles très régulières, sinueux sur les côtés à hauteur des hanches postérieures, légèrement élargis au tiers supérieur, atténués ensuite suivant une courbe régulière jusqu'au sommet qui est conjointement arrondi et dentelé ; ils sont évidés, le long de la suture, du sommet jusqu'au tiers antérieur. Dessous finement granuleux ; pattes ponctuées.

Brésil (Sommer, par Chevrolat).

Agrilus ignarus nov. sp. — *Allongé, peu convexe, entièrement noir, mat en dessus, brillant en dessous ; la tête et le pronotum d'un bronzé rougeâtre et brillant.* — Long., 5 ; larg., 0,8 mill.

Tête finement granuleuse, à ponctuation excessivement fine et très dense. Pronotum un peu plus haut que large, couvert de petites rides sinueuses, transversales et parallèles, déprimé de part et d'autre ; la marge antérieure bisinuée avec le lobe médian large, avancé et arqué ; les côtés régulièrement arqués avec l'angle postérieur légèrement saillant en dehors ; la base fortement bisinuée avec le lobe médian avancé et tronqué ; carène postérieure arquée, rejoignant l'antérieure vers le milieu ; carène antérieure très

légèrement sinueuse ; carène inférieure rapprochée de la précédente
et la rejoignant vers le quart de la base. Écusson caréné transversalement. Élytres de la largeur du pronotum et transversalement
déprimés de part et d'autre à la base, couverts de petites rugosités
simulant des écailles, déprimés le long de la suture dans leur
moitié postérieure ; les côtés sinueux à hauteur des hanches postérieures, légèrement élargis au tiers supérieur, atténués ensuite en
ligne droite jusqu'au sommet, où ils sont séparément arrondis et
dentelés. Dessous finement granuleux ; pattes presque lisses.

Minas Geraes : Caraça (E. Gounelle).

Agrilus consularis nov. sp. — *Allongé, peu convexe; front
vert mat; pronotum bronzé; élytres d'un bronzé obscur. Dessous
bronzé.* — Long., 7; larg., 1,3 mill.

Tête assez forte, finement granuleuse ; vertex sillonné ; antennes
courtes, dentées à partir du quatrième article. Pronotum un peu plus
haut que large, couvert de petites rides sinueuses et transversales,
déprimé de part et d'autre sur les côtés et sur le disque, la dépression
discale formant deux vagues fossettes superposées ; la marge antérieure bisinuée avec le lobe médian avancé et arqué ; les côtés
régulièrement arqués ; la base bisinuée avec le lobe médian avancé
et faiblement échancré ; carène postérieure très arquée, naissant à
une certaine distance de l'angle inférieur et rejoignant l'antérieure
au delà de la moitié des côtés ; carène antérieure sinueuse et très
éloignée de l'inférieure qui la rejoint avant la base. Écusson sillonné
transversalement. Élytres de la largeur du pronotum et déprimés de
part et d'autre à la base, couverts de petites rides irrégulières et transversales et de rugosités simulant des petites écailles, sinueux sur les
côtés à hauteur des hanches postérieures, légèrement élargis au
tiers supérieur, atténués ensuite en ligne droite jusqu'au sommet
qui est acuminé avec une échancrure interne et quelques petites
dents externes ; ils sont évidés le long de la suture et celle-ci est
élevée jusqu'au quart antérieur. Dessous finement granuleux ; pattes
presque lisses.

Sainte-Catherine (H. Deyrolle, par Chevrolat).

Agrilus hesperus nov. sp. — *Allongé, subcunéiforme, atténué
à l'extrémité; tête verte, vertex pourpré; pronotum obscur et verdâtre;
élytres d'un vert obscur avec la base d'un cuivreux terne et sombre.
Dessous bronzé et brillant; pattes verdâtres.* — Long., 6; larg.;
1,2 mill.

Tête convexe, très finement granuleuse, à peine sillonnée longitudinalement ; antennes courtes, dentées à partir du quatrième
article. Pronotum convexe en avant, plus large que haut, couvert
de rides irrégulières et transversales, largement et profondément

déprimé de part et d'autre sur les côtés et le long de la base, impressionné longitudinalement sur le disque, l'impression formant deux fossettes superposées ; la marge antérieure bisinuée avec le lobe médian avancé et arqué ; les côtés arqués, sinueux en arrière avec l'angle postérieur petit, abaissé, légèrement saillant en dehors et aigu ; la base fortement bisinuée avec le lobe médian avancé et sinueux ; carène postérieure saillante, droite et perpendiculaire à la base, brusquement infléchie ensuite vers l'antérieure qu'elle rejoint vers le milieu des côtés ; carène antérieure sinueuse en avant et droite en arrière, formant au sommet un arc dont l'inférieure est la corde et, vers la base, la corde dont la postérieure est l'arc ; carène inférieure droite, rejoignant l'antérieure vers le milieu, un peu au delà de la jonction de celle-ci avec la postérieure. Écusson caréné transversalement. Élytres de la largeur du pronotum et profondément déprimés de part et d'autre à la base, largement et peu profondément évidés le long de la suture, couverts de rugosités simulant des petites écailles, sinueux sur les côtés à hauteur des hanches postérieures et laissant à découvert une portion latéro-dorsale du premier segment abdominal, légèrement élargis au tiers supérieur, obliquement atténués ensuite en ligne droite jusqu'au sommet qui est séparément arrondi et dentelé. Dessous granuleux en avant, presque lisse en arrière, couvert d'une villosité courte, blanchâtre, très dense sur les côtés du sternum et des segments abdominaux où elle forme des taches ; pattes à peine ponctuées.

Bahia (Fruhstorfer).

Agrilus exiguus nov. sp. — *Étroit, allongé, peu convexe, atténué à l'extrémité, entièrement bronzé à reflets pourprés.* — Long., 4,5; larg., 0,7 mill.

Tête finement granuleuse; front aplani; vertex sillonné, le sillon limité en avant par deux bourrelets allongés. Pronotum à peine plus large que haut, un peu plus large en avant qu'en arrière, couvert de petites rides sinueuses transversales et parallèles; déprimé de part et d'autre sur les côtés et au milieu, sur le disque, la dépression discale formant deux fossettes superposées; la marge antérieure bisinuée avec le lobe médian avancé et arrondi; les côtés sinueux avec l'angle postérieur saillant et aigu; la base fortement bisinuée avec le lobe médian avancé et arrondi; carène postérieure naissant à une certaine distance de l'angle inférieur, sinueuse et rejoignant l'antérieure vers le sommet; carène antérieure presque droite; carène inférieure peu sensible, très rapprochée de la précédente. Écusson caréné transversalement. Élytres de la largeur du pronotum et déprimés de part et d'autre à la base, finement granuleux, sinueux sur les côtés à hauteur des hanches postérieures où ils laissent apercevoir, de part et d'autre, une mince portion latérale de la partie supérieure du sternum et des segments abdominaux, légèrement élargis au tiers supérieur, atténués ensuite en ligne droite jusqu'au sommet où ils sont séparément arrondis et dentelés. Dessous et pattes à peine rugueux, finement granuleux et ponctués.

Bahia : S. Antonio da Barra (E. Gounelle).

Agrilus dirus nov. sp. — *Allongé, subcunéiforme, atténué à l'extrémité, d'un noir mat en dessus avec le front vert obscur; dessous noir; fémurs bleuâtres.* — Long., 5,3; larg., 0,9 mill.

Tête finement granuleuse, convexe; front aplani en avant, faiblement sillonné en arrière; antennes courtes, dentées à partir du quatrième article. Pronotum presque aussi large que haut, couvert de petites rides sinueuses, transversales et irrégulières; les côtés déclives et à peine déprimés; le disque aplani; la marge antérieure bisinuée; les côtés arqués en avant et sinueux en arrière avec l'angle postérieur abaissé, légèrement saillant en dehors et aigu; la base bisinuée avec le lobe médian tronqué; carène postérieure arquée à sa base, redressée vers le milieu des côtés où elle longe l'antérieure pour la rejoindre vers le tiers supérieur; carène antérieure subsinueuse et parallèle à l'inférieure qu'elle rejoint vers la base. Écusson caréné transversalement. Élytres de la largeur du pronotum et déprimés de part et d'autre à la base, presque lisses, couverts de très petites rugosités simulant des écailles, plans sur le disque, à peine évidés le long de la suture, déclives sur les côtés; les bords sinueux à hauteur des hanches postérieures, légèrement élargis au tiers supérieur, atténués ensuite en ligne droite jusqu'au sommet qui est séparément arrondi et fortement dentelé. Dessous rugueux; pattes pointillées.

Goyaz : Jatahy (Ch. Pujol).

Agrilus dicax nov. sp. — *Allongé, peu convexe, atténué à l'extrémité; front très brillant, doré à reflets pourprés ou verts; pronotum vert brillant ou pourpré sombre; élytres noirs, très légèrement verdâtres le long de la suture. Dessous noir.* — Long., 5,3; larg., 1,4 mill.

Tête très finement granuleuse avec quelques points épars, plus gros que les granulations foncières; front sillonné; antennes courtes, dentées à partir du quatrième article. Pronotum convexe, presque aussi long que large, couvert de rides irrégulières, sinueuses, transversales et bien accusées, déprimé de part et d'autre sur les côtés et à la base; la marge antérieure bisinuée avec le lobe médian très avancé et subanguleux; les côtés régulièrement arqués; la base bisinuée avec le lobe médian avancé et tronqué; carène postérieure saillante, arquée, rejoignant l'antérieure au delà du milieu des côtés; carène antérieure peu saillante, presque droite, subparallèle à l'inférieure qui la rejoint vers la base. Écusson caréné transversalement. Élytres de la largeur du pronotum et déprimés de part et d'autre à la base, couverts de rugosités simulant des écailles assez fortes et très régulières, sinueux sur les côtés à hauteur des hanches postérieures, légèrement élargis au tier supérieur, atténués ensuite en ligne droite jusqu'au sommet qui est subacuminé, séparément arrondi et dentelé. Dessous finement granuleux; pattes à peine ponctuées.

Amazones : Itaïtuba (Staudinger).

Agrilus pudens nov. sp. — *Allongé, peu convexe, atténué à l'extrémité, entièrement d'un bronzé obscur, le front, l'abdomen et les pattes d'un bronzé cuivreux; le sternum couvert d'une abondante efflorescence blanchâtre, l'abdomen et les élytres laissant émerger de la ponctuation des poils blancs, excessivement courts et très régulièrement espacés.* — Long., 5,5 ; larg., 1,3 mill.

Tête convexe, finement granuleuse; vertex faiblement sillonné. Pronotum un peu plus haut que large, un peu plus étroit à la base qu'au sommet, couvert de petites rides sinueuses, parallèles et transversales, déprimé de part et d'autre sur les côtés; le disque à peine impressionné, la marge antérieure fortement bisinuée avec le lobe médian avancé, large et arrondi; les côtés arqués en avant et sinueux en arrière avec l'angle postérieur aigu ; la base fortement bisinuée avec le lobe médian avancé et arrondi ; carène postérieure très arquée mais peu nette, rejoignant l'antérieure vers le milieu des côtés ; carène antérieure presque droite ; carène inférieure se rapprochant insensiblement de la précédente pour la rejoindre au delà de sa jonction avec l'antérieure. Écusson caréné transversalement. Élytres plans sur le disque avec la suture élevée, de la largeur du pronotum, et déprimés de part et d'autre à la base, couverts de petites rugosités simulant des écailles, sinueux sur les côtés à hauteur des hanches postérieures, légèrement élargis au tiers supérieur, atténués ensuite suivant une courbe peu prononcée jusqu'au sommet, où ils sont séparément arrondis et dentelés. Dessous finement ponctué.

Pernambuco : Serra de Communaty (E. Gounelle).

Agrilus squameus nov. sp. — *Allongé, assez convexe, atténué à l'extrémité ; tête et pronotum d'un bronzé cuivreux brillant ; élytres noirs et mats. Dessous bronzé.* — Long., 5 ; larg., 1 mill.

Tête finement granuleuse, convexe, à peine sillonnée; antennes dentées à partir du quatrième article. Pronotum un peu plus large que haut, couvert de petites rides sinueuses et transversales, déprimé de part et d'autre sur les côtés ; à peine impressionné sur le disque ; la marge antérieure fortement bisinuée avec le lobe médian avancé et arqué ; les côtés très arqués, sinueux en arrière avec l'angle inférieur légèrement saillant en dehors et aigu ; la base fortement bisinuée avec le lobe médian tronqué ; carène postérieure peu saillante, arquée et rejoignant l'antérieure avant le milieu des côtés ; carène antérieure peu saillante et faiblement sinueuse ; carène inférieure peu accentuée et subparallèle à l'antérieure. Écusson caréné transversalement. Élytres de la largeur du pronotum et déprimés de part et d'autre à la base, couverts de rugosités simulant des petites écailles anguleuses, sinueux sur les côtés à hauteur des hanches postérieures et laissant à découvert une portion dorso-latérale des deux premiers segments abdominaux, légèrement élargis au tiers supérieur, atténués ensuite en ligne droite jusqu'au sommet qui est séparément arrondi et dentelé. Dessous chagriné ; pattes finement ponctuées.

Bahia : S. Antonio da Barra (E. Gounelle).

AGRILUS PAUPERCULUS Gory, Monogr. supp., t. 4 (1841), p. 262, pl. 44, fig. 256.

Bahia : S. Antonio da Barra (E. Gounelle).

Agrilus impar nov. sp. — *Allongé, plan en dessus, convexe en dessous, atténué à l'extrémité ; tête d'un bronzé pourpré brillant ; pronotum bronzé à reflets verts ; élytres bronzés. Dessous bronzé ; genoux verdâtres.* — Long., 6,5 ; larg., 1,3 mill.

Tête convexe, finement granuleuse ; front aplani ; vertex sillonné ; antennes courtes, dentées à partir du quatrième article. Pronotum à peine plus large que haut, couvert de très petites rides sinueuses et transversales, déprimé de part et d'autre sur les côtés ; la marge antérieure bisinuée avec le lobe médian arrondi ; les côtés faiblement et régulièrement arqués avec l'angle postérieur aigu, abaissé et légèrement saillant en dehors ; la base bisinuée avec le lobe médian à peine échancré ; carène postérieure arquée et rejoignant l'antérieure vers le milieu des côtés ; carène antérieure droite ; carène inférieure sinueuse et rejoignant l'antérieure à la base. Écusson caréné transversalement. Élytres de la largeur du pronotum et déprimés de part et d'autre à la base, finement chagrinés, les rugosités très régulières et excessivement petites ; les côtés sinueux à hauteur des hanches postérieures, élargis au tiers supérieur, atténués en ligne droite jusqu'au sommet ; celui-ci séparément arrondi et dentelé. Dessous finement chagriné ; pattes à peine ponctuées.

Amazones : Itaïtuba (Staudinger).

Agrilus prælucens nov. sp. — *Allongé, peu convexe, entièrement bronzé ; dessous un peu plus sombre que le dessus.* — Long., 7 ; larg., 1,5 mill.

Tête convexe, granuleuse, finement et régulièrement ponctuée, sillonnée dans toute sa longueur; front vaguement impressionné; antennes courtes, dentées à partir du quatrième article. Pronotum un peu plus haut que large, couvert de rides sinueuses et transversales, déprimé de part et d'autre sur les côtés et sur le disque, l'impression discale formant deux vagues fossettes superposées, dont la première, celle de la base, est plus grande que la seconde; la marge antérieure fortement bisinuée avec le lobe médian avancé et subanguleux; les côtés arqués en avant et sinueux en arrière; la base bisinuée avec le lobe médian avancé et subéchancré; carène postérieure peu arquée, rapprochée de l'antérieure et la rejoignant vers le milieu des côtés; carène antérieure subsinueuse; carène inférieure peu nette, irrégulière, sinueuse et rejoignant la précédente avant la base. Écusson caréné transversalement. Élytres de la largeur du pronotum et déprimés de part et d'autre à la base, finement granuleux, chagrinés, couverts, sur les côtés, de petites rides transversales et irrégulières, sinueux sur les côtés à hauteur des hanches postérieures, légèrement élargis au tiers supérieur, plans sur le disque, déclives sur le côtés, atténués en ligne droite jusqu'au sommet qui est séparément arrondi et dentelé. Dessous finement granuleux; pattes ponctuées.

Minas Geraez : Caraça (E. Gounelle); Goyaz : Jatahy (Ch. Pujol).

Agrilus tersus nov. sp. — *Allongé, convexe, d'un bleu foncé et brillant en dessus; dessous noir brillant.* — Long., 7,6; larg., 1,5 mill.

Tête convexe, finement ponctuée, sillonnée dans toute sa longueur, le sillon large sur le front, linéaire sur le vertex; antennes courtes, dentées à partir du quatrième article. Pronotum à peine plus large que haut, couvert de rides sinueuses et transversales, déprimé de part et d'autre sur les côtés et sur le disque, la dépression discale sensible seulement vers la base où elle forme une fossette allongée ; la marge antérieure bisinuée avec le lobe médian large et arqué; les côtés arqués avec l'angle inférieur légèrement saillant en dehors, petit et aigu; la base bisinuée avec le lobe médian large et arqué; carène postérieure peu saillante, arqué et n'atteignant pas l'antérieure; celle-ci peu accentuée, sinueuse, assez éloignée de l'inférieure qui la rejoint vers la base. Écusson transversal, elliptique, déprimé, acuminé au sommet. Élytres de la largeur du pronotum et déprimés de part et d'autre à la base, finement chagrinés, légèrement sinueux sur les côtés à hauteur des hanches postérieures, élargis au tiers supérieur, atténués ensuite en ligne droite jusqu'au sommet qui est séparément arrondi et dentelé. Dessous très finement granuleux; pattes à peine ponctuées.

Minas-Geraez : Caraça (E. Gounelle).

Agrilus rimosicollis nov. sp. — *Assez grand, convexe, allongé, subparallèle, d'un bronzé brillant et couvert d'une villosité espacée, blanchâtre, plus dense en dessous qu'au dessus.* — Long., 9,5; larg., 2,3 mill.

Tête granuleuse, couverte de petites rides irrégulières et transversales, sillonnée dans toute sa longueur; front déprimé au-dessus de l'épistome; antennes courtes, dentées à partir du quatrième article. Pronotum convexe, presque aussi large que haut, plus étroit en avant qu'en arrière, très rugueux, couvert de rides sinueuses et transversales, sillonné longitudinalement au milieu et déprimé de part et d'autre sur les côtés; la marge antérieure bisinuée avec le lobe médian avancé et très arqué; les côtés arqués en avant et à peine sinueux en arrière avec l'angle postérieur droit; la base bisinuée avec le lobe médian avancé et à peine bisinué; carène postérieure entière, allant de la base au sommet, très arquée jusque vers le milieu des côtés où elle s'incurve et se redresse pour longer l'antérieure jusque vers le sommet; carène antérieure sinueuse; carène inférieure assez éloignée de la précédente, sinueuse comme elle et la rejoignant vers la base. Écusson transversal, tronqué à la base et sillonné le long de celle-ci, acuminé au sommet. Élytres convexes, plans sur le disque, de la largeur du pronotum et déprimés de part et d'autre à la base, très rugueux et couverts de petites rides courtes, transversales, rapprochées et très irrégulières; la suture élevée du tiers postérieur au sommet; les côtés peu sinueux à hauteur des hanches postérieures, légèrement élargis au tiers supérieur, atténués ensuite suivant une courbe régulière jusqu'au sommet; celui-ci séparément arrondi et à peine dentelé. Dessous granuleux, moins rugueux que le dessus; pattes finement ponctuées.

Brésil (Sommer, par Chevrolat).

Agrilus faber nov. sp. — *Allongé, subparallèle, assez convexe; tête et pronotum d'un bronzé doré clair; élytres d'un bronzé obscur et légèrement pourpré. Dessous bronzé.* — Long., 7,5; larg., 1,7 mill.

Tête granuleuse, régulièrement et finement ponctuée en avant, couverte de petites rides irrégulières en arrière; front aplani, à peine déprimé longitudinalement; vertex sillonné; antennes médiocres, dentées à partir du quatrième article. Pronotum un peu plus large que haut, convexe, couvert de petites rides sinueuses et transversales, déprimé de part et d'autre sur les côtés et à peine impressionné longitudinalement au milieu, l'impression médiane excessivement vague, à peine accentuée vers la base avec une vague fossette, de part et d'autre, sur le disque et plus près du bord antérieur que de la base; la marge antérieure bisinuée avec le lobe médian très avancé et arqué; les côtés régulièrement arqués avec

l'angle postérieur obtus, son sommet légèrement saillant en dehors ;
la base bisinuée avec le lobe médian avancé et arqué ; carène postérieure petite, arquée, assez rapprochée de l'antérieure et le rejoignant
vers le tiers inférieur ; carène antérieure légèrement cintrée ; carène
inférieure subparallèle à la précédente et la rejoignant un peu
au delà de sa jonction avec la postérieure. Écusson caréné transversalement. Élytres peu convexes, plans et légèrement évidés au
sommet le long de la suture, de la largeur du pronotum et déprimés
de part et d'autre à la base, chagrinés et couverts de rugosités simulant des écailles très petites et régulières, sinueux sur les côtés à
hauteur des hanches postérieures, légèrement élargis au tiers supérieur, atténués ensuite en ligne droite jusqu'au sommet ; celui-ci
séparément arrondi et finement dentelé. Dessous granuleux en
avant, presque lisse en arrière et couvert, sur l'abdomen, de petites
raies simulant des écailes imbriquées ; pattes à peine ponctuées.

Brésil (Guérin par Chevrolat.).

Agrilus piliferus nov. sp. — *Allongé, subparallèle, entièrement bronzé, le dessous garni d'une abondante efflorescence d'un blanc
pur, plus dense sur le sternum et sur les côtés des segments abdominaux.* — Long., 7 ; larg., 1,5 mill.

Tête granuleuse, sillonnée longitudinalement ; front déprimé en
arrière ; antennes courtes, dentées à partir du quatrième article.
Pronotum aussi large que haut, un peu plus large en avant qu'en
arrière, couvert de petites rides sinueuses et transversales, déprimé
de part et d'autre sur les côtés, la dépression rétrécissant le milieu
du disque ; impressionné au milieu, l'impression formant deux
vagues fossettes superposées ; la marge antérieure bisinuée avec
le lobe médian avancé et arqué ; les côtés arqués en avant et
sinueux avant le milieu avec l'angle postérieur aigu, saillant en
dehors et un peu abaissé ; la base bisinuée avec le lobe médian très
avancé et tronqué ; carène postérieure sinueuse, courte, assez
rapprochée de l'antérieure et ne la rejoignant pas ; carène antérieure
à peine sinueuse ; carène inférieure subparallèle à l'antérieure et
la rejoignant avant la base. Écusson caréné transversalement.
Élytres de la largeur du pronotum et déprimés de part et d'autre à
la base, chagrinés et couverts de rugosités simulant des écailles ;
sinueux sur les côtés à hauteur des hanches postérieures, légèrement élargis au tiers supérieur, atténués ensuite suivant une courbe
régulière jusqu'au sommet ; celui-ci séparément arrondi et très
finement dentelé. Dessous finement granuleux ; pattes ponctuées.

Buenos-Ayres (Chevrolat).

Agrilus intermedius nov. sp. — *Convexe, rugueux; tête noire,
pronotum bronzé, doré et brillant; élytres d'un noir violacé brillant*

avec çà et là des reflets pourprés. Dessous noir. — Long., 5,5; larg., 1,2 mill.

Tête finement et régulièrement ponctuée; front faiblement déprimé; vertex sillonné; antennes courtes, dentées à partir du quatrième article. Pronotum convexe, un peu plus large que haut, déprimé de part et d'autre sur les côtés et sur le disque, couvert de petites rides sinueuses et transversales; la marge antérieure bisinuée avec le lobe médian avancé et subanguleux; les côtés arqués avec l'angle postérieur obtus; la base bisinuée avec le lobe médian avancé et arqué; carène postérieure peu saillante, arquée, rejoignant l'antérieure au delà du milieu des côtés; carène antérieure cintrée et subparallèle à l'inférieure. Écusson caréné transversalement. Élytres de la largeur du pronotum et déprimés de part et d'autre à la base, couverts de rugosités simulant des écailles, sinueux sur les côtés à hauteur des hanches postérieures, légèrement élargis au tiers supérieur, atténués ensuite suivant une courbe peu prononcée jusqu'au sommet; celui-ci séparément arrondi et inerme. Dessous très finement granuleux; pattes presque lisses.

Brésil (Thorey, par Chevrolat).

Agrilus baliolus nov. sp. — *Étroit, allongé, convexe, atténué à l'extrémité; tête d'un pourpré obscur; pronotum d'un bronzé verdâtre; élytres noirs. Dessous noir et laissant émerger de la ponctuation une très courte villosité blanchâtre.* — Long., 5,6; larg., 1,3 mill.

Tête finement et régulièrement ponctuée, vaguement déprimée sur le front; vertex sillonné; antennes courtes, dentées à partir du quatrième article. Pronotum un peu plus haut que large, couvert de rides sinueuses et transversales, déprimé sur les côtés et impressionné vers le milieu de la base; la marge antérieure bisinuée avec le lobe médian large et arqué; les côtés arqués avec l'angle postérieur légèrement saillant en dehors, abaissé et aigu; la base bisinuée avec le lobe médian arqué; carène postérieure arquée vers la base et redressée ensuite le long de l'antérieure qu'elle rejoint vers le sommet; carène antérieure sinueuse; carène inférieure droite, plus nette que la précédente. Écusson caréné transversalement. Élytres de la largeur du pronotum et déprimés de part et d'autre à la base, finement chagrinés et couverts de très petites rugosités simulant des écailles, sinueux sur les côtés à hauteur des hanches postérieures, légèrement élargis au tiers supérieur, laissant à découvert la région latéro-dorsale du premier et du deuxième segment abdominal, atténués ensuite jusqu'au sommet; celui-ci séparément arrondi et dentelé. Dessous finement granuleux; pattes à peine ponctuées.

Bahia : S. Antonio da Barra (E. Gounelle).

Agrilus melancholicus nov. sp. — *Étroit, petit, allongé, atténué à l'extrémité, entièrement bronzé et brillant; front et fémurs verdâtres.* — Long., 5; larg., 1 mill.

Tête finement granuleuse; front sillonné; antennes allongées, dentées à partir du quatrième article. Pronotum un peu plus haut que large, couvert de petites rides sinueuses et transversales, déprimé de part et d'autre sur les côtés et sillonné longitudinalement sur le disque; la marge antérieure bisinuée avec le lobe médian avancé et arqué; les côtés régulièrement arqués avec l'angle postérieur obtus; la base faiblement bisinuée avec le lobe médian peu avancé et tronqué; carène postérieure un peu oblique par rapport à la base et s'éloignant de l'antérieure; celle-ci à peine sinueuse et subparallèle à l'inférieure, qui la rejoint vers la base. Écusson caréné transversalement. Élytres de la largeur du pronotum et déprimés de part et d'autre à la base, couverts de rugosités simulant des petites écailles, sinueux sur les côtés à hauteur des hanches postérieures, légèrement élargis au tiers supérieur, atténués ensuite jusqu'au sommet; celui-ci séparément arrondi et dentelé. Dessous finement granuleux; pattes à peine ponctuées.

Goyaz: Jatahy (Ch. Pujol); Buenos-Ayres (Dr Fromont).

Agrilus analis Kerr., *Ann. Soc. Ent. France*, 1896, p. 158.

Pernambuco: Serra da Communaty (E. Gounelle).

Agrilus expletus nov. sp. — *Étroit, allongé, atténué à l'extrémité; entièrement bronzé, le dessous couvert d'une abondante mais très courte villosité blanche.* — Long., 5,6; larg., 1 mill.

Tête finement granuleuse, sillonnée longitudinalement; antennes courtes, dentées à partir du quatrième article. Pronotum un peu plus large que haut, couvert de petites rides sinueuses et transversales, déprimé de part et d'autre sur les côtés, sillonné longitudinalement au milieu; la marge antérieure bisinuée avec le lobe médian large et peu arqué; les côtés régulièrement arqués; la base bisinuée avec le lobe médian arqué; carène postérieure peu arquée, rejoignant l'antérieure au delà du milieu des côtés; carène antérieure presque droite; carène inférieure peu saillante et subparallèle à la précédente qu'elle rejoint vers la base. Écusson caréné transversalement. Élytres peu convexes, de la largeur du pronotum et déprimés de part et d'autre à la base, couverts de rugosités simulant des petites écailles acuminées en arrière et ridés transversalement sur les côtés; ceux-ci sinueux à hauteur des hanches postérieures et laissant à découvert une portion latéro-dorsale du premier et du deuxième segment abdominal, très légèrement élargis au tiers supérieur, atténués ensuite en ligne droite jusqu'au sommet; celui-ci séparément arrondi et assez fortement dentelé. Dessous très finement granuleux ; pattes, antennes et abdomen un peu plus clairs que la coloration générale.

Bahia : S. Antonio da Barra (E. Gounelle).

Agrilus variatus nov. sp. — *Étroit, allongé, peu convexe, atténué à l'extrémité ; front vert doré, brillant, avec une tache médiane bleue ; pronotum noirâtre ; élytres bronzés, obscurs, à reflets violacés. Dessous bronzé ; abdomen pourpré ; fémurs d'un bronzé clair.* — Long., 4,5 ; larg., 8 mill.

Tête finement et régulièrement ponctuée, sillonnée dans toute sa longueur, le sillon plus net vers le vertex que sur le front ; antennes courtes, dentées à partir du quatrième article. Pronotum un peu plus haut que large, couvert de petites rides sinueuses, transversales et paraissant enchevêtrées, déprimé de part et d'autre sur les côtés et vaguement impressionné au milieu du disque, l'impression formée par deux fossettes superposées et très peu sensibles ; la marge antérieure bisinuée avec le lobe médian très avancé et subanguleux ; les côtés régulièrement arqués ; la base bisinuée avec le lobe médian subéchancré ; carène postérieure très rapprochée de l'antérieure et à peine sensible ; carène antérieure sinueuse et rapprochée de l'inférieure qui lui est parallèle. Écusson caréné transversalement. Élytres de la largeur du pronotum et déprimés de part et d'autre à la base, vaguement évidés le long de la suture, couverts de rugosités simulant des petites écailles, à peine sinueux sur les côtés à hauteur des hanches postérieures, légèrement élargis au tiers supérieur, atténués ensuite en ligne droite jusqu'au sommet ; celui-ci séparément arrondi, subacuminé et dentelé. Dessous très finement granuleux en avant, à peine ponctué en arrière et sur les fémurs.

Minas : Matusinhos (E. Gounelle).

Agrilus prælongus nov. sp. — *Allongé, convexe, élargi au tiers supérieur ; tête cuivreuse ; pronotum bronzé ; élytres noirs. Dessous bronzé.* — Long., 5,5 ; larg., 1 mill.

Tête granuleuse et ponctuée ; front à peine sillonné ; antennes courtes, dentées à partir du quatrième article. Pronotum presque aussi haut que large, couvert de rides sinueuses et transversales, déprimé de part et d'autre sur les côtés, impressionné sur le disque, l'impression discale vague et formant deux fossettes superposées ; la marge antérieure bisinuée avec le lobe médian avancé et subanguleux ; les côtés arqués au milieu et sinueux en arrière avec l'angle inférieur petit, abaissé, saillant en dehors et aigu ; la base bisinuée avec le lobe médian subéchancré ; carène postérieure parallèle à l'antérieure et très rapprochée de celle-ci qu'elle rejoint au delà du milieu des côtés ; carène antérieure sinueuse et parallèle à l'infé-

rieure. Écusson caréné transversalement. Élytres de la largeur du
pronotum et déprimés de part et d'autre à la base, couverts de
rugosités simulant des petites écailles, sinueux sur les côtés à
hauteur des hanches postérieures, et laissant à découvert une
notable portion dorso-latérale des segments abdominaux, plans sur
le disque, légèrement élargis au tiers supérieur, atténués ensuite
suivant une courbe à peine accusée jusqu'au sommet qui est subacuminé de part et d'autre et dentelé. Dessous très finement granuleux ; pattes presque lisses.

Amazones (Staudinger).

Agrilus clausus nov. sp. — *Étroit, allongé, peu convexe, atténué à l'extrémité, d'un vert brillant et foncé; dessous couvert d'une
abondante villosité blanche, excessivement courte et à peine sensible.*
— Long., 5; larg., 1 mill.

Tête peu convexe, vaguement sillonnée; front très finement granuleux ; vertex ponctué; antennes courtes, dentées à partir du quatrième article. Pronotum un peu plus haut que large, déprimé de
part et d'autre sur les côtés et longitudinalement impressionné au
milieu, couvert de rides sinueuses et transversales et d'une ponctuation régulièrement espacée ; la marge antérieure bisinuée avec le lobe
médian avancé et subanguleux ; les côtés arqués au milieu et sinueux
en arrière; la base bisinuée avec le lobe médian subéchancré; carène
postérieure courte, à peine arquée et très rapprochée de l'antérieure;
carène antérieure sinueuse et assez éloignée de l'inférieure qui la
rejoint vers la base. Écusson caréné transversalement. Élytres finement granuleux, de la largeur du pronotum et déprimés de part et
d'autre à la base, plans sur le disque, déclives sur les côtés et dans
leur moitié postérieure, sinueux sur les côtés à hauteur des hanches
postérieures, légèrement élargis au tiers supérieur; atténués ensuite
suivant une courbe peu prononcée jusqu'au sommet; celui-ci séparément arrondi et dentelé. Dessous très finement granuleux ; pattes
à peine ponctuées.

Brésil.

Agrilus infuscatus nov. sp. — *Allongé, assez convexe, atténué
à l'extrémité ; tête pourprée ; pronotum bronzé ; élytres noirs. Dessous
bronzé enfumé, couvert d'une courte villosité blanchâtre émergeant de
la ponctuation.* — Long., 6; larg., 1,2 mill.

Tête finement et régulièrement ponctuée; front vaguement sillonné; antennes courtes, dentées à partir du quatrième article. Pronotum assez convexe, presque aussi large que haut, couvert de rides
sinueuses et transversales, déprimé de part et d'autre sur les côtés;
la marge antérieure bisinuée avec le lobe médian très avancé et
subanguleux; les côtés faiblement arqués au milieu et sinueux en

arrière avec l'angle postérieur aigu, abaissé et légèrement saillant en dehors; la base bisinuée avec le lobe médian subéchancré; carène postérieure à peine sensible et formant à la base un tubercule allongé; carène antérieure presque droite et subparallèle à l'inférieure. Écusson caréné transversalement. Élytres de la largeur du pronotum et déprimés de part et d'autre à la base, couverts de rugosités simulant des très petites écailles acuminées en arrière; sinueux sur les côtés à hauteur des hanches postérieures, légèrement élargis au tiers supérieur, atténués ensuite suivant une ligne droite jusqu'au sommet qui est séparément arrondi et dentelé; la suture élevée au sommet au tiers supérieur. Dessous finement chagriné; pattes à peine ponctuées.

Amazones : Itaïtuba (Staudinger).

Agrilus prismaticus nov. sp. — *Assez large, écourté, convexe, d'un bronzé obscur en dessus. Dessous brillant, bronzé et couvert d'une courte villosité blanchâtre émergeant de la ponctuation.* — Long., 6,2; larg., 1,3 mill.

Tête rugueuse, couverte d'une ponctuation épaisse et très dense, sillonnée dans toute sa longueur; le sillon plus profond en arrière où il limite deux tubercules. Pronotum un peu plus haut que large, couvert de rides sinueuses et transversales, vaguement sillonné au milieu, déclive sur les côtés; la marge antérieure fortement bisinuée avec le lobe médian avancé, large et arqué; les côtés arqués avec l'angle postérieur petit, abaissé, légèrement saillant en dehors et aigu; la base bisinuée avec le lobe médian tronqué; carène postérieure nulle; carène antérieure sinueuse et subparallèle à l'inférieure. Écusson caréné transversalement. Élytres de la largeur du pronotum et déprimés de part et d'autre à la base, granuleux et chagrinés, plans sur le disque à la partie antérieure, déclives sur les côtés et sur la moitié postérieure, sinueux sur les côtés à hauteur des hanches postérieures, légèrement élargis au tiers supérieur, obliquement atténués ensuite jusqu'au sommet qui est séparément arrondi et dentelé. Dessous moins rugueux que le dessus, couvert de petites rides irrégulières et transversales en avant, ponctué en arrière; pattes presque lisses.

Minas Geraez (par Chevrolat).

Agrilus puniceus nov. sp. — *Assez large, écourté, convexe, bronzé en dessus, les élytres avec des espaces dénudés, d'un bleu d'acier, formant sur la partie antérieure des taches irrégulières et vers le tiers supérieur une tache circulaire commune aux deux élytres; les parties bronzées couvertes d'une villosité jaunâtre. Dessous bronzé, brillant et laissant émerger de la ponctuation des poils courts, blanchâtres.* — Long., 5,5; larg., 1,5 mill.

Tête rugueuse, quadrituberculée sur le front, sillonnée longitudinalement, ce sillon coupé par un sillon transversal ; bord intérieur des yeux limité par un sillon crénelé ; antennes médiocres, dentées à partir du quatrième article. Pronotum un peu plus large que haut, inégal, bossué, sillonné longitudinalement au milieu et déprimé de part et d'autre sur les côtés, couvert de petites rides sinueuses et transversales ; la marge antérieure fortement bisinuée avec le lobe médian avancé et arqué ; les côtés arqués avec l'angle postérieur un peu abaissé et obtus ; la base bisinuée avec le lobe médian large, peu avancé et subsinueux ; carène postérieure nulle ; carène antérieure sinueuse et subparallèle à l'inférieure. Écusson large, caréné transversalement. Élytres de la largeur du pronotum et déprimés de part et d'autre à la base, couverts de rugosités simulant des écailles, sinueux sur les côtés à hauteur des hanches postérieures et laissant à découvert la région latéro-dorsale des deux premiers segments abdominaux ; légèrement élargis au tiers supérieur, atténués ensuite suivant une courbe régulière jusqu'au sommet qui est séparément arrondi et dentelé. Dessous finement ponctué ; abdomen et pattes presque lisses.

Bahia : S. Antonio da Barra (E. Gounelle).

Agrilus vespilio nov. sp. — *Allongé, subparallèle, peu convexe, entièrement noir, les élytres légèrement verdâtres et ornés chacun de trois mouchetures blanches, la première dans la dépression basilaire, la seconde vers le tiers antérieur, plus près de la suture que de la marge latérale, la troisième sous la précédente, un peu plus grande qu'elle, et située vers le tiers supérieur ; les côtés du sternum, des hanches postérieures et de la base des segments abdominaux garnis d'une vestiture soyeuse et blanchâtre.* — Long., 5,5 ; larg., 1 mill.

Tête finement granuleuse ; front déprimé longitudinalement. Pronotum plus haut que large, et plus large en avant qu'en arrière, presque lisse, les rides sinueuses à peine sensibles ; la marge antérieure fortement bisinuée avec le lobe médian très avancé et arqué ; les côtés tronqués en avant, droits au milieu, sinueux en arrière avec l'angle postérieur obtus ; la base fortement bisinuée avec le lobe médian avancé et tronqué ; carène postérieure nulle ; carène antérieure subsinueuse ; carène inférieure très éloignée de la précédente au sommet, la rejoignant vers le quart de la base. Écusson caréné transversalement. Élytres de la largeur du pronotum et impressionnés de part et d'autre à la base, à peine granuleux, sinueux sur les côtés à hauteur des hanches postérieures, légèrement élargis au tiers supérieur, à peine atténués ensuite jusqu'au sommet où ils sont séparément arrondis et dentelés. Dessous un peu plus granuleux que le dessus ; pattes presque lisses.

Bahia : S. Antonio da Barra (E. Gounelle).

Agrilus dolatus nov. sp. — *Subparallèle, allongé, peu convexe, tête d'un cuivreux pourpré terne; pronotum bleu, couvert d'une courte vestiture grise; élytres bleus avec les épaules et le pourtour de l'écusson ainsi qu'une tache allongée latérale, dans le repli posthuméral, le tout d'un bronzé clair, l'apex, le long de la suture, d'un noir violacé, ornés de part et d'autre de quatre mouchetures et d'une bande préapicale garnies d'une villosité blanche. Dessous noir avec les côtés du sternum et ceux de l'abdomen ornés de taches blanches; fémurs inférieurs d'un cuivreux pourpré.* — Long., 5,5; larg., 1 mill.

Tête finement granuleuse et ponctuée; front déprimé au-dessus de l'épistome; vertex sillonné; antennes courtes, dentées à partir du quatrième article. Pronotum convexe, un peu plus haut que large, chagriné et couvert d'une ponctuation dense et régulière; la marge antérieure bisinuée avec le lobe médian subanguleux; les côtés régulièrement arqués, la base légèrement déprimée et bisinuée avec le lobe médian tronqué; carène postérieure nulle; carène antérieure droite et subparallèle à l'inférieure. Écusson sillonné transversalement. Élytres peu convexes, de la largeur du pronotum et déprimés de part et d'autre sur les côtés, finement chagrinés et couverts de rugosités simulant des petites écailles, sinueux sur les côtés à hauteur des hanches postérieures, légèrement élargis au tiers supérieur et laissant à découvert la région dorso-latérale du premier segment abdominal, atténués ensuite suivant une courbe régulière jusqu'au sommet; celui-ci subacuminé, dentelé et échancré en dedans, l'échancrure limitée, à la suture, par deux petites dents et extérieurement par une dent médiane plus forte et plus accentuée que ses voisines. Dessous granuleux; pattes à peine ponctuées.

Goyaz : Jatahy (Ch. Pujol).

Agrilus verax nov. sp. — *Étroit, allongé, peu convexe, d'un noir terne. légèrement pourpré par places; les élytres ornés de part et d'autre de quatre mouchetures blanches; dessous un peu plus brillant que le dessus, les côtés du sternum et des segments abdominaux ainsi que la région latéro-dorsale du premier de ces segments couverts d'une villosité blanche. Front vert, ♂.* — Long., 5; larg., 1 mill.

Tête convexe, granuleuse, sans sillon, antennes courtes, dentées à partir du quatrième article. Pronotum convexe, un peu plus haut que large, couvert de petites rides sinueuses et transversales, déprimé de part et d'autre sur les côtés et le long de la base; la marge antérieure bisinuée avec le lobe médian avancé et subanguleux; les côtés assez fortement et régulièrement arqués; la base fortement bisinuée avec le lobe médian arqué; carène postérieure nulle; carène antérieure presque droite et subparallèle à l'inférieure. Écusson caréné transversalement, la carène limitée antérieurement par un sillon parallèle à la base. Élytres de la largeur du pronotum et largement déprimés de part et d'autre à la base, évidés le long de la suture, couverts de rugosités simulant des très petites écailles, sinueux sur les côtés à hauteur des hanches postérieures, légèrement élargis au tiers supérieur, atténués ensuite jusqu'au sommet; celui-ci séparément arrondi et dentelé. Dessous très finement granuleux; pattes à peine ponctuées.

Bahia : S. Antonio da Barra (E. Gounelle).

Agrilus suspiciosus nov. sp. — *Assez convexe, écourté, d'un bronzé rougeâtre brillant, un peu plus obscur sur les élytres que sur le restant du corps; la moitié intérieure des élytres ornée de taches villeuses, allongées, blanchâtres.* — Long., 4,5; larg., 1 mill.

Tête très finement granuleuse; front à peine impressionné; vertex sillonné. Pronotum un peu plus haut que large, couvert de petites rides transversales, déprimé sur le disque et de part et d'autre sur les côtés; la dépression discale formée par deux vagues fossettes superposées; la marge antérieure bisinuée avec le lobe médian avancé et subanguleux; les côtés régulièrement arqués; la base fortement bisinuée avec le lobe médian avancé et tronqué; carène postérieure à peine accusée; carène antérieure droite; carène inférieure assez éloignée de la précédente au sommet et s'en rapprochant insensiblement pour la rejoindre vers la base. Écusson caréné transversalement. Élytres de la largeur du pronotum et impressionnés de part et d'autre à la base, couverts de petites rugosités simulant des écailles, sinueux sur les côtés à hauteur des hanches postérieures, légèrement élargis au tiers supérieur, atténués ensuite en ligne droite jusqu'au sommet où ils sont séparément arrondis et dentelés. Dessous finement granuleux et ponctué, moins lisse que les pattes.

Minas : Matusinhos (E. Gounelle).

Agrilus pertenuis nov. sp. — *Allongé, peu convexe, atténué à l'extrémité; tête rouge feu; pronotum d'un vert bleuâtre sombre; élytres noirs avec, sur le disque, une tache allongée, villeuse et blanche de part et d'autre de la suture et une seconde tache préapicale, plus petite que la précédente; dessous d'un noir brillant à reflets violacés, pattes bronzées, la base des trois derniers segments abdominaux ornée, de part et d'autre, d'une tache villeuse et blanchâtre.* — Long., 4,7; larg., 0,9 mill.

Tête convexe, à ponctuation excessivement fine, régulière et très serrée. Pronotum un peu plus haut que large, à peine plus large en avant qu'en arrière, couvert de petites rides sinueuses, parallèles et transversales, déprimé sur le disque et de part et d'autre sur les côtés, la marge antérieure bisinuée avec le lobe médian avancé et

arqué; les côtés régulièrement arqués; la base bisinuée avec le
lobe médian arqué; carène postérieure petite, très rapprochée de
l'angle inférieur, à peine sensible; carène antérieure subsinueuse;
carène inférieure subparallèle à la précédente et s'en rapprochant
insensiblement pour la rejoindre à la base. Élytres de la largeur du
pronotum et impressionnés de part et d'autre à la base, finement
granuleux et couverts de très petites rugosités simulant des petites
écailles, évidés le long de la suture; les côtés faiblement sinueux à
hauteur des hanches postérieures, légèrement élargis au tiers
supérieur, atténués ensuite en ligne droite jusqu'au sommet, où ils
sont finement dentelés sur les côtés avec deux dents extrêmes, de
part et d'autre, plus accentuées que les petites dents latérales et
plus écartées entre elles. Dessous finement granuleux; abdomen et
pattes presque lisses.

Bahia : S. Antonio da Barra (E. Gounelle).

Agrilus cingulatus nov. sp. — *Allongé, peu convexe, atténué
à l'extrémité, entièrement noir, les fémurs et l'abdomen bronzés, tout
le corps couvert d'une très courte villosité blanchâtre émergeant de la
ponctuation.* — Long., 4,7; larg., 0,8 mill.

Tête finement granuleuse et irrégulièrement ponctuée, sillonnée
dans toute sa longueur; antennes courtes, dentées à partir du
quatrième article. Pronotum convexe, un peu plus haut que large,
plus étroit à la base qu'au sommet, couvert de petites rides sinueuses
et transversales, déprimé de part et d'autre à la base, faiblement
impressionné au milieu, l'impression allongée et sensible seulement sur la moitié postérieure; la marge antérieure bisinuée avec
le lobe médian large, avancé et subanguleux; les côtés tronqués en
avant, à peine arqués et obliquement atténués vers la base; celle-ci
fortement bisinuée avec le lobe médian subéchancré; carène postérieure nulle; carène antérieure sinueuse, subparallèle à l'antérieure
et se rapprochant insensiblement de celle-ci pour la rejoindre vers
la base. Écusson caréné transversalement. Élytres de la largeur du
pronotum à la base, déprimés de part et d'autre sur les côtés, finement chagrinés et couverts de plis transversaux, irréguliers, courts
et enchevêtrés par places; les côtés à peine sinueux à hauteur des
hanches postérieures, faiblement élargis au tiers supérieur et
laissant à découvert la région dorso-latérale du premier segment
abdominal, atténués ensuite en ligne droite jusqu'au sommet, qui
est séparément arrondi et dentelé. Dessous finement granuleux;
pattes à peine ponctuées.

Bahia : S. Antonio da Barra (E. Gounelle).

Agrilus tenebricosus nov. sp. — *Allongé, aplani en dessus,
peu convexe en dessous; tête bleue, pronotum et élytres d'un noir ver-*

dâtre terne; dessous bronzé et brillant. — Long., 6; larg., 1,3 mill.

Tête finement granuleuse à ponctuation régulièrement espacée, sillonnée dans toute sa longueur. Pronotum aussi haut que large, presque aussi large en avant qu'en arrière, couvert de petites rides sinueuses, transversales et parallèles, déprimé longitudinalement sur le disque et de part et d'autre sur les côtés ; la marge antérieure bisinuée avec le lobe médian avancé et subanguleux; les côtés arqués en avant et subsinueux en arrière; la base fortement bisinuée avec le lobe médian avancé et tronqué ; carènes postérieure et antérieure à peine sensibles; carène inférieure presque droite. Écusson déprimé transversalement. Élytres de la largeur du pronotum et à peine déprimés de part et d'autre à la base, couverts de rugosités simulant des écailles, largement et peu profondément évidés de part et d'autre le long de la suture; les côtés sinueux à hauteur des hanches postérieures, légèrement élargis au tiers supérieur, ensuite atténués en ligne droite jusqu'au sommet qui est séparément arrondi et assez fortement dentelé, les dents inégales entre elles. Dessous moins rugueux que le dessus; pattes presque lisses.

Rio : Tijuca (E. Gounelle).

Agrilus deceptor nov. sp. — *Subparallèle, étroit, allongé, peu convexe, entièrement noir; dessous plus brillant, moins mat que le dessus.* — Long., 5; larg., 1 mill.

Tête finement granuleuse, sillonnée dans toute sa longueur; antennes courtes, dentées à partir du quatrième article. Pronotum convexe, plus haut que large, un peu plus étroit à la base qu'au sommet, couvert de petites rides sinueuses et transversales, déprimé de part et d'autre sur les côtés, sillonné longitudinalement au milieu, le sillon large et peu profond ; la marge antérieure bisinuée avec le lobe médian très avancé et subanguleux ; les côtés régulièrement arqués; la base bisinuée avec le lobe médian peu avancé et arqué avec une très petite échancrure médiane ; carène postérieure nulle; carène antérieure à peine sinueuse; carène inférieure subsinueuse et se rapprochant insensiblement de l'antérieure. Écusson caréné transversalement. Élytres de la largeur du pronotum et déprimés de part et d'autre à la base, couverts de plis transversaux irréguliers; les côtés sinueux à hauteur des hanches postérieures, légèrement élargis au tiers supérieur, atténués ensuite en ligne droite jusqu'au sommet qui est séparément arrondi et dentelé. Dessous granuleux ; pattes ponctuées.

Brésil : Saint-Paul (Chevrolat).

Agrilus meracus nov. sp. — *Allongé, entièrement noir avec la tête bronzée; le dessous couvert d'une courte vestiture blanchâtre, plus*

*abondante sur le sternum et sur les côtés des trois derniers segments
abdominaux.* — Long., 5,5; larg., 1,2 mill.

Tête sillonnée dans toute sa longueur, couverte de petites rides obliques. Pronotum un peu plus large que haut, plus large en avant qu'en arrière, couvert de petites rides sinueuses et transversales, longitudinalement sillonné au milieu et déprimé de part et d'autre sur les côtés; la marge antérieure fortement bisinuée avec le lobe médian large, très avancé et arqué; les côtés très arqués en avant et sinueux en arrière, avec l'angle postérieur abaissé et aigu, la base bisinuée avec le lobe médian avancé et tronqué; carène postérieure nulle; carène antérieure sinueuse, subparallèle à l'inférieure et s'en rapprochant insensiblement pour la rejoindre vers la base. Écusson sillonné transversalement. Élytres de la largeur du pronotum et déprimés de part et d'autre à la base, couverts de rugosités simulant des écailles, légèrement évidés le long de la suture, sinueux sur les côtés à hauteur des hanches postérieures, légèrement élargis au tiers supérieur, atténués ensuite suivant un arc peu prononcé jusqu'au sommet où ils sont séparément arrondis et dentelés. Dessous granuleux; abdomen et pattes moins rugueux que le restant du corps.

Bahia : S. Antonio da Barra (E. Gounelle).

Agrilus luctuosus nov. sp. — *Écourté, peu convexe, entièrement noir et couvert, notamment sur les élytres, d'une très courte villosité blanchâtre émergeant de la ponctuation.* — Long., 5; larg., 1,2 mill.

Tête ponctuée, déprimée sur le front et légèrement creusée sur le vertex; antennes courtes, dentées à partir du quatrième article. Pronotum un peu plus large que haut, assez convexe, à peine plus étroit en avant qu'en arrière, couvert de petites rides sinueuses et transversales, déprimé de part et d'autre sur les côtés et au milieu sur le disque, la dépression discale sensible seulement à la base; la marge antérieure bisinuée avec le lobe médian large, avancé et arrondi; les côtés obliquement tronqués en avant, faiblement arqués en arrière et au milieu suivant une ligne oblique; la base bisinuée avec le lobe médian faiblement échancré; carène posté- rieure nulle; carène antérieure subsinueuse, assez éloignée de l'inférieure en avant et rapprochée de celle-ci en arrière pour la rejoindre insensiblement vers la base. Écusson caréné transversale- ment. Élytres de la largeur du pronotum et déprimés de part et d'autre à la base, finement et régulièrement chagrinés, sinueux sur les côtés à hauteur des hanches postérieures, à peine élargis au tiers supérieur et laissant à découvert la région dorso-latérale du premier segment abdominal, atténués ensuite jusqu'au sommet; celui-ci à peine dentelé et conjointement arrondi avec un très petit vide anguleux sutural. Dessous finement granuleux; pattes à peine ponctuées.

Goyaz : Jatahy (Ch. Pujol).

Agrilus perangustus nov. sp. — *Étroit, allongé, peu convexe, atténué à l'extrémité, entièrement noir avec la tête d'un bronzé clair.* — Long., 4,5; larg., 0,7 mill.

Tête convexe, finement granuleuse et régulièrement ponctuée; front déprimé longitudinalement; antennes allongées. Pronotum plus haut que large, couvert de petites rides semi-circulaires et concentriques, légèrement déprimé sur le disque, la dépression un peu plus accentuée vers la base qu'au sommet, impressionné de part et d'autre sur les côtés; la marge antérieure bisinuée avec le lobe médian peu avancé et subanguleux; les côtés régulièrement arqués avec l'angle postérieur petit, saillant en dehors et aigu; la base bisinuée avec le lobe médian avancé et arrondi; carène postérieure très petite, très rapprochée de l'antérieure et faiblement arquée; carène antérieure sinueuse et subparallèle à l'inférieure qu'elle rejoint vers la base. Écusson caréné transversalement. Élytres de la largeur du pronotum et déprimés de part et d'autre à la base, couverts de rugosités simulant des écailles, très légèrement évidés le long de la suture, sinueux sur les côtés à hauteur des hanches postérieures, très légèrement élargis au tiers supérieur, ensuite atténués en ligne droite jusqu'au sommet où ils sont séparément arrondis et finement dentelés. Dessous finement granuleux; pattes presque lisses.

Pernambuco : Pery-Pery (E. Gounelle).

Agrilus cupidus nov. sp. — *Assez robuste, convexe, subparallèle, entièrement noir en dessus et couvert d'une vestiture grisâtre très serrée; tête tachetée de rouge; les côtés antérieurs du pronotum jaunâtres, le disque entouré d'une tache semi-circulaire rouge; les élytres laissant à découvert une bande jaune, villeuse, de la région supérieure du sternum et des segments abdominaux; dessous d'un bronzé très obscur, couvert d'une vestiture grisâtre, courte et peu dense; les côtés des hanches postérieures rouges.* — Long., 8; larg., 1,6 mill.

Tête granuleuse, largement et profondément déprimée. Pronotum plus large que haut, déprimé de part et d'autre sur les côtés antérieurs, couvert de petites rides sinueuses et transversales, sauf sur la bande semi-circulaire rouge, dont le fond est finement granuleux; la marge antérieure faiblement bisinuée; les côtés arqués en avant et droits en arrière; la base fortement bisinuée avec le lobe médian large, avancé et tronqué; carène postérieure nulle; carène antérieure subsinueuse et se rapprochant insensiblement de l'inférieure pour la rejoindre vers le tiers inférieur. Écusson transversal, oblong, en carré élargi en avant et acuminé en arrière. Élytres un peu plus étroits que le pronotum et déprimés de part et d'autre à la base, couverts de rugosités simulant des très petites écailles ; le calus huméral saillant, les côtés sinueux à hauteur des hanches postérieures, légèrement élargis au tiers supérieur, atténués ensuite en ligne droite jusqu'au sommet qui est tronqué, assez large et fortement dentelé. Dessous très finement granuleux ; pattes à peine ponctuées.

Bahia : S. Antonio da Barra (E. Gounelle).

Agrilus rusticus nov. sp. — *Subparallèle, allongé, peu convexe ; front bronzé ; pronotum cuivreux ; élytres noirs, très légèrement bleuâtres, mats. Dessous noir brillant.* — Long., 6 ; larg., 1,2 mill.

Tête finement granuleuse et irrégulièrement ponctuée, déprimée sur le front et sillonnée en arrière sur le vertex ; antennes courtes, dentées à partir du quatrième article. Pronotum peu convexe, irrégulier, finement granuleux et couvert d'une ponctuation fine, régulièrement espacée et de très petites rides sinueuses et transversales ; les côtés déprimés de part et d'autre, la dépression formant un léger étranglement discal ; le disque avec deux impressions arrondies et superposées ; la marge antérieure bisinuée avec le lobe médian avancé et largement arqué ; les côtés arqués en avant et presque droits en arrière avec l'angle postérieur très légèrement saillant en dehors et aigu ; la base bisinuée avec le lobe médian tronqué ; carène postérieure nulle ; carène antérieure droite ; carène inférieure sinueuse, éloignée de la précédente en avant et la rejoignant en arrière avant la base. Écusson petit, peu élargi, caréné transversalement. Élytres peu convexes, de la largeur du pronotum et déprimés de part et d'autre à la base, chagrinés et couverts de rugosités simulant des petites écailles arrondies ; sinueux sur les côtés à hauteur des hanches postérieures, faiblement élargis au tiers supérieur, atténués ensuite en ligne droite jusqu'au sommet ; celui-ci séparément arrondi et dentelé. Dessous finement granuleux ; pattes ponctuées.

Chili (L. Fairmaire).

Taphrocerus agriliformis nov. sp. — *Subparallèle, allongé, peu convexe en dessus, tête brillante, bleue en avant, d'un vert doré en arrière ; pronotum bronzé, très légèrement verdâtre ; élytres bleus. Dessous d'un noir mat.* — Long., 6,5 ; larg., 1,5 mill.

Tête très finement granuleuse, avec quelques points régulièrement espacés, creusée en avant ; un sillon linéaire sur le vertex ; yeux gros et saillants. Pronotum plus large que haut, granuleux et ponctué comme la tête, déprimé transversalement dans toute sa largeur, la dépression limitée antérieurement par un bourrelet longeant la marge antérieure à une certaine distance de celle-ci ; les côtés légèrement arqués ; la base bisinuée avec le lobe médian échancré en arc. Écusson transversal, elliptique. Élytres plus larges que le pronotum et déprimés de part et d'autre à la base avec le calus huméral saillant, couverts de plis transversaux irréguliers ; plans sur le disque, déclives sur les côtés ; ceux-ci sinueux à hauteur des hanches postérieures, légèrement élargis au tiers supérieur, régulièrement atténués ensuite jusqu'au sommet ; celui-ci dentelé et séparément arrondi. Dessous finement granuleux.

Goyaz : Jatahy (Ch. Pujol).

Cette espèce possède la majeure partie des caractères du genre dans lequel je la range provisoirement. Elle s'en éloigne par le *facies*, qui a beaucoup d'analogie avec celui de certains *Agrilus*.

TAPHROCERUS STYGICUS Thoms., *Typ. Bupr., app. 1a* (1879), p. 78.
Rio : Tijuca (E. Gounelle).

TAPHROCERUS ALBOGUTTATUS Mannh., *Bull. Mosc.* (1837), p. 120.
Pernambuco : Serra de Communaty.

Trachys boliviana nov. sp. — *Subheptagonal, convexe, atténué à l'extrémité ; tête et pronotum d'un bronzé clair et très brillant ; élytres verts et brillants. Dessous noir.* — Long., 3 ; larg., 1,6 mill.

Tête à peine excavée, finement et régulièrement ponctuée. Pronotum plus large que haut, convexe, couvert d'une ponctuation excessivement fine et régulièrement espacée ; la marge antérieure faiblement échancrée en arc ; les côtés obliquement arqués ; la base sinueuse avec le lobe médian avancé et arqué. Écusson très petit, triangulaire. Élytres convexes, de la largeur du pronotum et à peine déprimés de part et d'autre sur les côtés, finement chagrinés et régulièrement ponctués, un peu plus lisses vers le sommet que sur la moitié antérieure ; les côtés droits jusqu'au milieu, ensuite atténués suivant un arc régulier jusqu'au sommet ; celui-ci conjointement arrondi et inerme. Dessous finement granuleux.

Bolivie : Cochimba.

Pachyschelus circumdatus nov. sp.—*Ovalaire, assez convexe, d'un noir brillant ; les élytres avec, de part et d'autre, une large bande de poils blanchâtres partant de l'épaule et longeant le bord extérieur à une certaine distance de celui-ci pour s'élargir et se joindre à la suture ; le disque orné de taches et de bandes onduleuses blanchâtres.* — Long., 2,5 ; larg., 1,7 mill.

Tête régulièrement ponctuée, avec une plaque triangulaire lisse sur le front, le sommet touchant le vertex. Pronotum beaucoup plus large que haut, couvert d'une ponctuation d'où émergent des poils blanchâtres, avec quelques espaces lisses et glabres au milieu du disque; la marge antérieure échancrée en arc'; les côtés obliquement arqués; la base fortement bisinuée avec le lobe médian tronqué. Écusson grand, lisse, triangulaire, plus large que haut. Élytres convexes, légèrement déprimés à l'épaule, granuleux sur les parties villeuses, inégalement ponctués sur les régions glabres, déprimés de part et d'autre à la base en deçà du calus huméral, celui-ci saillant et situé à une certaine distance de l'épaule; les côtés régulièrement atténués en arc jusqu'au sommet; celui-ci conjointement arrondi et inerme. Dessous très finement granuleux; pattes lisses.

Rio : Tijuca (E. Gounelle).

PACHYSCHELUS PAUPERULUS Thoms., *Typ. Bupr.*, *app. 1a* (1879), p. 81.

Pernambuco : Pery-Pery (E. Gounelle).

Pachyschelus cœruleipennis nov. sp. — *Ovalaire, convexe, tête et pronotum noirs et très brillants; élytres d'un bleu brillant à reflets pourprés et violacés, avec les traces d'une vague bande médiane blanche et seconde bande préapicale sinueuse interrompue à la suture. Dessous noir brillant.* — Long., 3,2; larg., 2 mill.

Tête ponctuée; les points espacés; front déprimé. Pronotum convexe, beaucoup plus large que haut, lisse, à peine ponctué sur le disque, la ponctuation un peu plus dense sur les côtés; la marge antérieure échancrée en arc; les côtés arqués en quart de cercle; la base fortement sinueuse avec le lobe médian large et tronqué. Écusson très grand, triangulaire, élargi à la base. Élytres convexes, de la largeur du pronotum et déprimés de part et d'autre à la base en deçà du calus huméral qui est situé à une certaine distance de l'épaule; déprimés et tranchants à l'épaule; couverts de séries longitudinales de points très fins et assez espacés; les bords légèrement relevés et tranchants; les côtés droits en avant, arqués en arrière, obliquement tronqués et dentelés au sommet. Dessous et pattes finement et irrégulièrement ponctués.

Minas Geraez: Caraça (E. Gounelle).

PACHYSCHELUS AURICOLLIS Kerr., *Ann. Soc. Ent. Belg.*, t. 40 (1896), p. 315.

Ceara: Serra de Baterute (E. Gounelle).

PACHYSCHELUS SUBUNDATUS Kerr., *l. c.*, p. 318.

Bahia : Terra Nova; Pernambuco : Pery-Pery (E. Gounelle); Goyaz : Jatahy (Ch. Pujol).

Pachyschelus indigaceus nov. sp. — *Élargi, convexe, atténué à l'extrémité; tête, pronotum et écusson noirs à reflets violacés; élytres d'un bleu verdâtre, couverts, ainsi que le pronotum, de taches et de bandes sinueuses blanches, plus nettes vers le sommet; dessous noir brillant.* — Long., 3,5; larg., 2 mill.

Tête lisse, à peine ponctuée, sillonnée longitudinalement. Pronotum beaucoup plus large que haut et plus étroit en avant qu'en arrière, lisse sur le disque et granuleux sur les côtés ; la marge antérieure échancrée en arc ; les côtés arqués en quart de cercle ; la base bisinuée avec le lobe médian avancé et tronqué et les angles postérieurs abaissés et aigus. Écusson grand, lisse, en triangle plus large que haut. Élytres un peu plus étroits que le pronotum et déprimés de part et d'autre à la base et sur les côtés à hauteur des hanches postérieures, finement granuleux sur les parties villeuses et irrégulièrement ponctués sur les espaces glabres, le calus huméral saillant, les côtés droits jusqu'au delà du tiers antérieur, ensuite obliquement atténués jusqu'au sommet, où ils sont conjointement arrondis et très finement dentelés. Dessous finement ponctué ; pattes lisses.

Minas : Matusinhos (E. Gounelle).

PACHYSCHELUS CYANEUS Gory, *Monogr. supp.*, t. 4 (1841), p. 344, pl. 58, fig. 340.

Minas Geraez : Matusinhos (E. Gounelle).

Pachyschelus novus nov. sp. — *Ovalaire, convexe, entièrement noir, les élytres légèrement bleuâtres et ornés de trois bandes sinueuses et blanchâtres, le pronotum garni d'une villosité blanche assez longue, couchée et espacée.* — Long., 2,6 ; larg., 1,8 mill.

Tête lisse, finement ponctuée, sillonnée dans toute sa longueur, laissant émerger de la ponctuation des poils blanchâtres. Pronotum convexe, beaucoup plus large que haut, couvert d'une ponctuation plus dense et plus irrégulière sur les côtés que sur le disque, laissant émerger de la ponctuation des poils blanchâtres ; la marge antérieure profondément échancrée en arc ; les côtés arqués en quart de cercle ; la base sinueuse avec le lobe médian large et arqué. Écusson grand, lisse, triangulaire et élargi à la base. Élytres convexes, déprimés de part et d'autre à la base et sur les bords, qui sont tranchants, à hauteur des hanches postérieures ; granuleux et irrégulièrement ponctués ; droits sur les côtés jusqu'au tiers antérieur ; obliquement atténués ensuite et conjointement arrondis au sommet ; celui-ci dentelé. Dessous et pattes finement granuleux.

Goyaz : Jatahy (Ch. Pujol).

PACHYSCHELUS EXPANSUS Kerr., *Ann. Soc. Ent. Belg.*, t. 40 (1896), p. 319.

Minas Geraez : Caraça ; Rio : Tijuca (E. Gounelle).

PACHYSCHELUS TRUNCATUS Kerr., *l. c.*, p. 319.

Minas Geraez : Caraça (E. Gounelle).

Pachyschelus flexuosus nov. sp. — *Ovalaire, convexe ; tête et pronotum noirs, brillants, garnis d'une villosité d'un roux doré ;*

*élytres d'un noir bleuâtre et brillant, ornés de bandes sinueuses d'un
blanc argenté et d'une tache médiane et discale, commune aux deux
élytres et formée de poils d'un roux doré. Dessous noir, brillant.* —
Long., 2,8 ; larg., 1,7 mill.

Tête granuleuse, irrégulièrement ponctuée, laissant émerger de
la ponctuation des poils d'un roux doré ; front sillonné. Pronotum
plus large que haut, plus densément ponctué sur les côtés que sur
le disque, laissant émerger de la ponctuation des poils d'un roux
doré ; la marge antérieure échancrée en arc ; les côtés très obliques
et faiblement arqués ; la base bisinuée avec le lobe médian large et
faiblement échancré en arc. Écusson lisse, grand, triangulaire et
élargi. Élytres de la largeur du pronotum, déprimés de part et d'autre
à la base et sur les côtés à hauteur des hanches postérieures avec le
calus huméral saillant ; couverts de vagues rides longitudinales très
irrégulières, la ponctuation dense et d'apparence granuleuse sur les
parties villeuses, irrégulière sur les parties dénudées ; les côtés
droits en avant ; obliques en arrière ; le sommet conjointement
arrondi et finement dentelé. Dessous et pattes à peine granuleux.

Goyaz : Jatahy (Ch. Pujol).

Pachyschelus nodifer Kerr., *Ann. Soc. Ent. Belg.*, t. 40 (1896),
p. 316.

Minas Geraez : Caraça (E. Gounelle).

Pachyschelus proximus nov. sp. — *Ovalaire, convexe, entiè·
rement noir et brillant ; les élytres très légèrement violacés ; la tête, les
côtés du pronotum et ceux des élytres garnis d'une courte villosité
blanche, irrégulière et très espacée, cette villosité formant, vers le
sommet, deux bandes sinueuses, transversales et parallèles.* —
Long., 3 ; larg., 1,7 mill.

Tête à ponctuation excessivement fine et très dense ; front
sillonné. Pronotum convexe, beaucoup plus large que haut, lisse, à
peine ponctué sur le disque, la ponctuation dense sur les côtés ; la
marge antérieure faiblement échancrée en arc ; les côtés arqués en
quart de cercle ; la base sinueuse avec le lobe médian faiblement
échancré en arc. Écusson grand, lisse, triangulaire et élargi. Élytres
convexes, déprimés de part et d'autre à la base, finement granuleux
et couverts d'une ponctuation irrégulière ; les côtés régulièrement
atténués en arc ; le sommet obliquement tronqué et dentelé. Dessous
brillant, finement granuleux.

Goyaz : Jatahy (Ch. Pujol).

Pachyschelus humeralis Kerr., *Ann. Soc. Ent. Belg.*, t. 40
(1896), p. 315.

Ceara : Serra da Baturite (E. Gounelle).

Pachyschelus bicolor Kerr., *Ann. Soc. Ent. France*, 1894, p. 420.

Minas Geraez : Caraça (E. Gounelle).

Pachyschelus clarus nov. sp. — *Subovalaire, très convexe d'un bronzé brillant et clair, couvert d'une vestiture blanche, à dessin irrégulier formant, vers le sommet, des bandes très flexueuses.* — Long., 3,3; larg., 2,2 mill.

Tête finement granuleuse, creusée sur le front, couverte d'une villosité blanchâtre. Pronotum beaucoup plus large que haut, finement granuleux sur les parties villeuses, les espaces dénudés lisses; la marge antérieure échancrée en arc; les côtés arqués en quart de cercle, la base bisinuée avec le lobe médian avancé et tronqué et les angles postérieurs abaissés et aigus. Écusson grand, en triangle plus large que haut, lisse. Élytres de la largeur du pronotum à la base, le calus huméral gros et saillant, limité intérieurement par une dépression perpendiculaire à la base et extérieurement par une large et profonde dépression latérale; les côtés obliques en avant, leur plus grande largeur résidant au tiers antérieur, obliquement atténués ensuite en ligne droite jusqu'au sommet qui est conjointement arrondi et à peine dentelé; les bandes villeuses sont finement granuleuses dans leur fond et les espaces glabres irrégulièrement ponctués. Dessous finement granuleux; pattes à peine ponctuées.

Rio : Tijuca (E. Gounelle).

PACHYSCHELUS DUBIUS Waterh., *Biol. Centr.-Amer.*, t. 3, pt. 1 (1889), p. 143, pl. 7, fig. 16.

Goyaz : Jatahy (Ch. Pujol).

Pachyschelus cupreus nov. sp. — *Ovalaire, convexe; tête et pronotum d'un cuivreux pourpré, clair et mat; élytres d'un cuivreux pourpré obscur sur le disque, brillant sur les côtés; la suture verdâtre, Dessous noir.* — Long., 3,2; larg., 2 mill.

Tête finement granuleuse, avec une petite fossette au milieu du front. Pronotum plus large que haut, finement granuleux, déprimé de part et d'autre sur les côtés; la marge antérieure échancrée en arc; les côtés très obliques et à peine arqués; la base bisinuée avec le lobe médian large et bisinué avec une très petite échancrure médiane. Écusson lisse, grand, triangulaire et élargi. Élytres convexes, finement granuleux, de la largeur du pronotum et déprimés de part et d'autre à la base et sur les côtés à hauteur des hanches postérieures; les côtés droits jusque vers le milieu, ensuite obliquement atténués et à peine arqués, obliquement tronqués et dentelés au sommet. Dessous à peine granuleux.

Goyaz : Jatahy (Ch. Pujol).

PACHYSCHELUS DILATATUS Gory, *Monogr. supp.*, t. 4 (1841), p. 347, pl. 59, fig. 345.

Bahia : S. Antonio da Barra (E. Gounelle).

Pachyschelus transversus Kerr., *Ann. Soc. Ent. Belg.*, t. 40 (1896), p. 320.

Goyaz : Jatahy (Ch. Pujol).

Brachys nodosus nov. sp.— *Oblong, convexe, atténué en avant, les côtés parallèles, le sommet largement arrondi, inégal et couvert en dessus de protubérances et de reliefs inégaux, d'un bleu foncé brillant à reflets pourprés, couvert de marbrures linéaires excessivement petites, transversales et très irrégulières, dorées. Dessous bronzé. —* Long., 5 ; larg., 2,3 mill.

Tête creusée longitudinalement, irrégulièrement ponctuée, rugueuse, avec de part et d'autre un tubercule frontal, plus élevé qu'un troisième tubercule situé sur le vertex. Pronotum inégal, plus large que haut, de la largeur de la tête en avant, de celle des élytres en arrière, le disque très convexe et surmonté de deux tubercules arrondis et couverts de petites rides circulaires ; les côtés et la base déprimés ; la marge antérieure bisinuée ; la marge latérale arquée en quart de cercle ; la base très sinueuse avec le lobe médian tronqué. Écusson triangulaire, assez grand, situé sur un plan oblique, le sommet plus haut que la base. Élytres rugueux, ponctués, très inégaux, avec de part et d'autre un calus saillant et allongé contre la suture, immédiatement en dessous de l'écusson, un calus huméral oblique, saillant, interrompu par des sillons longitudinaux, un petit calus médian, deux calus préterminaux et un calus terminal ; les côtés à peine sinueux à hauteur des hanches postérieures, légèrement élargis au tiers supérieur, largement arrondis et dentelés ensuite jusqu'au sommet. Dessous couvert de petites rides transversales enchevêtrées, plus accentuées sur le sternum que sur l'abdomen ; pattes finement granuleuses.

Goyaz : Jatahy (Ch. Pujol).

Cette curieuse espèce, qui présente tous les caractères du genre dans lequel je la range, s'en écarte par un *facies* tout particulier, rappelant celui de *Alcinous nodosus* La Ferté mss., de l'Australie, mais avec les reliefs élytraux et surtout les thoraciques beaucoup plus développés.

Brachys pretiosus nov. sp. — *Subheptagonal, assez convexe, atténué à l'extrémité, les élytres ayant le calus huméral très prononcé et un second calus latéral situé au tiers postérieur, et réuni au précédent par une carène saillante ; tête noire, brillante, couverte, dans les dépressions, d'une villosité rousse ; pronotum noir bronzé, brillant, légèrement irisé, le disque et la marge antérieure couverts d'une villosité d'un roux doré, les côtés couverts d'une villosité blanche ; élytres noirs, brillants, à reflets verts et bleus sur les parties dénudées, ornés d'une bande marginale antérieure villeuse entremêlée de poils blancs* *et roux, d'une seconde bande en forme de chevron, commune aux deux élytres, d'un roux doré et bordée antérieurement de blanc et d'une troisième bande préapicale blanche, linéaire et très flexueuse circulant au milieu d'une villosité plus ou moins dense et d'un roux doré. Dessous bleu foncé, couvert d'une villosité rousse assez dense sur les côtés des segments abdominaux. — Long., 4,8 ; larg., 2,5 mill.*

Tête sillonnée longitudinalement et transversalement, les deux sillons se coupant à angles droits au milieu du front et séparant quatre tubercules lisses et obliques. Pronotum beaucoup plus large que haut, de la largeur de la tête en avant, de celle des élytres en arrière, très convexe et lisse sur le disque, aplani et ponctué sur les côtés, la marge antérieure droite, à peine sinueuse ; la latérale oblique avec l'angle postérieur abaissé, très petit et aigu ; la base sinueuse avec le lobe médian très avancé et faiblement échancré en arc. Écusson lisse, en triangle élargi à la base. Élytres finement ponctués sur les parties villeuses et lisses sur les parties glabres, inégaux et convexes, le calus huméral et le calus latéral qui·le suit surmontés d'une carène saillante les rejoignant tous deux ; les côtés antérieurs droits, à peine sinueux ; les postérieurs très obliques ; le sommet tronqué. Dessous granuleux.

Minas Geraez : Caraça (E. Gounelle).

Voisine de certains *Trachys* malgaches pour le *facies*, cette espèce possède, comme la précédente, tous les caractères génériques des *Brachys*.

Brachys Gounellei nov. sp. — *Robuste, presque plan en dessus, convexe en dessous, le milieu parallèle, les côtés antérieurs et postérieurs obliques, le sommet très atténué ; dessus d'un bleu foncé à reflets violacés ; couvert, sur le pronotum et les élytres, d'une vestiture d'un roux doré très brillant ; cette vestiture formant, sur les élytres, une tache discale entremêlée de bandes sinueuses blanches ; les épaules carminées. Dessous noir brillant, bleuâtre, couvert de la même vestiture d'un roux doré, mais moins serrée que celle du dessus, et plus abondante sur les côtés qu'au milieu. — Long., 5,7 ; larg., 3 mill.*

Tête brillante, irrégulièrement ponctuée, sillonnée dans toute sa longueur ; front creusé, déclive vers l'épistome, mamelonné sur le vertex. Pronotum beaucoup plus large que haut et plus étroit en avant qu'en arrière, irrégulièrement ponctué ; le disque convexe ; la marge antérieure arquée ; les côtés obliques en avant et arrondis vers la base avec l'angle inférieur presque droit ; la base fortement bisinuée avec le lobe médian très avancé et faiblement échancré. Écusson en triangle élargi. Élytres de la largeur du pronotum à la base, le calus huméral très saillant et surmonté d'une carène tranchante qui se prolonge en formant une côte peu sensible le long des côtés, à une certaine distance de ceux-ci ; les côtés sinueux à hauteur des hanches postérieures, à peine élargis au tiers supérieur, ensuite atténués en ligne droite jusqu'au sommet; celui-ci séparément arrondi et à peine dentelé. Dessous irrégulièrement ponctué.

Minas Geraez : Caraça (E. Gounelle).

BRACHYS TUBERCULIFER Kerr., *Ann. Soc. Ent. Belg.*, t. 40 (1896), p. 323.

Rio : Tijuca (E. Gounelle).

Brachys humeralis nov. sp. — *Heptagonal, peu convexe; front cuivreux, vertex, pronotum et élytres bleus ou d'un noir bleuâtre à reflets irisés, l'apex couvert d'une villosité d'un doré peu dense et surmontée d'une très vague bande blanche. Dessous bleu foncé; antennes bronzées.* — Long., 3,5; larg., 2 mill.

Tête creusée sur le front, presque lisse, avec quelques points épars; vertex finement sillonné. Pronotum convexe et lisse sur le disque, aplani et rugueux sur les côtés, beaucoup plus large que haut; la marge antérieure presque droite; les côtés obliques avec l'angle postérieur arrondi à son sommet; la base fortement sinueuse avec le lobe médian très avancé et faiblement échancré en arc. Écusson médiocre, triangulaire. Élytres de la largeur du pronotum et déprimés de part et d'autre à la base, peu convexes, couverts de séries longitudinales et peu apparentes de points allongés; finement granuleux par places; les côtés presque droits, légèrement élargis au tiers supérieur, atténués ensuite suivant une courbe peu prononcée jusqu'au sommet; celui-ci séparément arrondi et dentelé; une carène part du calus huméral et longe la marge latérale à une certaine distance de celle-ci sans atteindre le sommet. Dessous à ponctuation fine, irrégulièrement espacée; pattes finement granuleuses.

Minas Geraez : Caraça (E. Gounelle).

Brachys lineatus nov. sp. — *Subheptagonal, peu convexe, atténué à l'extrémité, d'un noir brillant en dessus et couvert d'une abondante villosité d'un roux doré entremêlée de rares poils blancs et laissant quelques espaces lisses formant des vagues bandes transversales dénudées; les deux stries dorsales des élytres formant des lignes rousses bien indiquées. Dessous noir brillant.* — Long., 3; larg., 1,5 mill.

Tête finement ponctuée, sillonnée en arrière, le sillon bifurqué au-dessus de l'épistome. Pronotum plus large que haut et plus étroit en avant qu'en arrière, convexe sur le disque et déprimé sur les côtés et à la base, couvert d'une ponctuation inégale plus accentuée sur les côtés que sur le disque; la marge antérieure droite; les côtés très obliques avec l'angle postérieur un peu abaissé, petit et aigu; la base sinueuse avec le lobe médian très avancé et échancré en arc;

une carène sinueuse longe les côtés à une certaine distance de ceux-ci. Écusson lisse, triangulaire. Élytres peu convexes, de la largeur du pronotum et déprimés de part et d'autre à la base, lisses sur les parties glabres, granuleux sur les parties villeuses ; le calus huméral saillant et se prolongeant suivant une carène longeant les côtés à une certaine distance de ceux-ci ; les côtés sinueux à hauteur des hanches postérieures, légèrement élargis au tiers supérieur, atténués ensuite en ligne droite jusqu'au sommet ; celui-ci inerme et conjointement arrondi avec un petit vide anguleux sutural. Dessous et pattes finement granuleux.

Goyaz : Jatahy (Ch. Pujol).

Brachys fulvus nov. sp. — *Peu convexe en dessus, écourté, atténué en avant et en arrière, assez convexe en dessous ; d'un bronzé clair et brillant, la nuance foncière disparaissant sous une abondante vestiture d'un roux doré entremêlée, sur les élytres, de taches blanches.* — Long., 3,6 ; larg., 2 mill.

Tête granuleuse et ponctuée, sillonnée dans toute sa longueur ; front quadrituberculé, les tubercules peu saillants et lisses. Pronotum très transversal, plus large que haut, beaucoup plus étroit en avant qu'en arrière, couvert d'une ponctuation irrégulière plus serrée sur les côtés que sur le disque ; celui-ci très saillant et limité sur les côtés par une dépression courbe ; la marge antérieure presque droite, faiblement arquée ; les côtés très obliques avec l'angle postérieur arrondi ; la base fortement bisinuée avec le lobe médian avancé et tronqué Écusson médiocre, en triangle élargi. Élytres de la largeur du pronotum à la base, granuleux et irrégulièrement ponctués, présentant, de part et d'autre, sur le disque, deux vagues côtes et des séries longitudinales irrégulières de points ; le calus huméral gros, saillant et surmonté d'une côte qui se prolonge, très nette et bien marquée, le long du bord extérieur à une certaine distance de celui-ci jusqu'au sommet ; les côtés sinueux à hauteur des hanches postérieures, légèrement élargis au tiers supérieur, ensuite atténués en ligne peu recourbée jusqu'au sommet ; celui-ci conjointement arrondi et finement dentelé. Dessous granuleux et ponctué.

Rio : Tijuca (E. Gounelle).

Brachys cœlestis nov. sp. — *Convexe, atténué en avant et en arrière ; tête et pronotum noirs, bleuâtres ; élytres d'un beau bleu clair avec une large bande préapicale blanche ; dessous noir ; pattes bleues.* — Long., 5 ; larg., 2 mill.

Tête lisse, avec quelques points épars, sillonnée dans toute sa longueur ; front largement évidé ; yeux bordés d'une ligne de points enfoncés. Pronotum transversal, un peu plus étroit en avant qu'en

arrière ; le disque convexe et lisse, les côtés déprimés et finement
granuleux ; la marge antérieure presque droite, les côtés sinueux,
arqués en avant, presque droits en arrière ; la base bisinuée avec le
lobe médian avancé et faiblement échancré ; il présente, sur les
côtés, une carène arquée aboutissant en avant et en arrière à la
marge latérale. Élytres un peu plus larges que le pronotum à la
base, couverts de rides transversales et parallèles plus accentuées
en avant qu'en arrière ; le calus huméral saillant et surmonté d'une
côte prolongée en ligne droite jusqu'à hauteur des hanches postérieures ; les côtés sinueux à cette hauteur, élargis vers le milieu,
atténués ensuite suivant un arc peu prononcé jusqu'au sommet ;
celui-ci séparément arrondi et très finement dentelé. Dessous et
pattes à peine ponctués.

Minas Geraez : Caraça (E. Gounelle).

Brachys cyaneoniger nov. sp. — *Subheptagonal, peu
convexe, atténué à l'extrémité, d'un noir bleuâtre en dessus, brillant
et couvert d'une villosité blanche formant, sur les élytres, une bande
préapicale et transversale. Dessous noir.* — Long., 4 ; larg., 2 mill.

Tête presque lisse, à peine ponctuée, creusée en avant, sillonnée
en arrière. Pronotum plus large que haut, plus étroit en avant qu'en
arrière, lisse et à peine ponctué, un peu rugueux sur les côtés ; la
marge antérieure tronquée ; les côtés obliques et à peine arqués, la
base droite sur les côtés, infléchie vers l'écusson avec le lobe médian
très avancé et échancré en arc. Écusson transversal, en losange.
Élytres de la largeur du pronotum et déprimés de part et d'autre à
la base, couverts de séries longitudinales de points régulièrement
espacés ; le calus huméral saillant, se prolongeant suivant une
carène longeant la marge latérale à une certaine distance de celle-ci ;
les côtés sinueux à hauteur des hanches postérieures, élargis au
tiers supérieur, atténués ensuite en ligne droite jusqu'au sommet ;
celui-ci séparément arrondi et à peine dentelé. Dessous et pattes
finement granuleux.

Goyaz : Jatahy (Ch. Pujol).

Brachis triangularis Thoms., *Typ. Bupr., app. 1a* (1879), p. 78.
Goyaz : Jatahy (Ch. Pujol).

Brachys pictus nov. sp. — *Subheptagonal, assez convexe,
atténué à l'extrémité, entièrement noir et brillant, orné en dessus de
taches villeuses blanches, irrégulières, alternant avec des taches d'un
roux doré. Dessous noir, brillant.* — Long., 3 ; larg., 1,5 mill.

Tête finement et irrégulièrement ponctuée, à peine sillonnée en
avant ; vertex sillonné. Pronotum plus large que haut et plus étroit
en avant qu'en arrière, convexe sur le disque, déprimé sur les côtés
et le long de la base, couvert d'une ponctuation inégale, plus dense

sur les côtés que sur le disque ; la marge antérieure tronquée ; les côtés obliques avec l'angle postérieur arrondi ; la base sinueuse avec le lobe médian avancé et échancré en arc ; carène latérale courte, saillante et située à une certaine distance des bords. Écusson lisse, triangulaire. Élytres de la largeur du pronotum et déprimés de part et d'autre à la base, finement granuleux sur les parties villeuses et rugueux sur les parties glabres ; le calus huméral saillant et surmonté d'une carène qui se prolonge le long du bord à une certaine distance de celui-ci ; les côtés sinueux à hauteur des hanches postérieures, légèrement élargis au tiers supérieur, atténués ensuite en ligne droite jusqu'au sommet ; celui-ci tronqué et inerme. Dessous lisse, brillant, à ponctuation très espacée ; pattes finement granuleuses.

Minas Geraez : Caraça (E. Gounelle).

Brachys anthrænoides Waterh., *Biol. Centr.-Amer.*, t. 3, pt. 1 (1889), p. 132.

Minas Geraez : Caraça ; Rio : Tijuca (E. Gounelle).

Brachys purpuratus nov. sp. — *Subheptagonal, peu convexe, atténué à l'extrémité, d'un noir bleuâtre en dessus, légèrement violacé à l'extrémité, couvert d'une villosité d'un roux doré sensible seulement sur les côtés et à l'extrémité et entremêlée de quelques taches blanches ; le disque avec quelques courts poils blancs épars. Dessous noir brillant, les genoux médians pourprés. — Long., 3,3 ; larg., 2 mill.*

Tête sillonnée dans toute sa longueur, couverte de poils d'un roux doré, avec quatre tubercules arrondis et glabres situés sur le front. Pronotum beaucoup plus large que haut et plus étroit en avant qu'en arrière, convexe sur le disque, déprimé sur les côtés et le long de la base, couvert d'une ponctuation inégale plus dense sur les côtés que sur le disque ; la marge antérieure presque droite, très légèrement échancrée au milieu ; les côtés très obliques et à peine arqués avec l'angle postérieur un peu abaissé et aigu ; la base sinueuse avec le lobe médian avancé et échancré en arc ; carène latérale peu saillante et courte, arquée, n'atteignant ni la base ni les bords et située à une certaine distance de celle-ci. Écusson lisse, triangulaire. Élytres de la largeur du pronotum et déprimés de part et d'autre à la base, très inégalement ponctués et rugueux par places ; le calus huméral saillant et surmonté d'une carène qui se prolonge le long de la marge latérale à une certaine distance de celle-ci ; les côtés sinueux à hauteur des hanches postérieures, légèrement élargis au tiers supérieur, atténués ensuite suivant un arc peu prononcé jusqu'au sommet ; celui-ci à peine dentelé et conjointement arrondi avec un petit vide anguleux sutural. Dessous brillant, irrégulièrement ponctué ; pattes finement granuleuses.

Goyaz : Jatahy (Ch. Pujol).

Brachys cuprinus nov. sp. — *Subheptagonal, assez convexe ; tête et pronotum d'un cuivreux pourpré, couverts de poils roux épars ; élytres d'un noir verdâtre brillant avec des bandes sinueuses blanches peu prononcées alternant avec des taches rousses. Dessous bronzé pourpré.* — Long., 3,5 ; larg., 1,5 mill.

Tête finement et irrégulièrement ponctuée, sillonnée dans toute sa longueur. Pronotum plus large que haut et plus étroit en avant qu'en arrière, convexe sur le disque, déprimé de part et d'autre sur les côtés, couvert de points épars, très inégalement espacés et plus épars sur le disque que sur les côtés ; la marge antérieure droite ; les côtés très obliques avec les angles postérieurs droits ; la base bisinuée avec le lobe médian avancé et échancré en arc ; carène latérale grande, arquée, peu accentuée. Écusson lisse et triangulaire. Élytres de la largeur du pronotum et déprimés de part et d'autre à la base, granuleux et couverts de séries longitudinales et irrégulières, interrompues çà et là de gros points inégaux ; le calus huméral saillant et surmonté d'une carène qui se prolonge le long de la marge latérale à une certaine distance de celle-ci ; les côtés sinueux à hauteur des hanches postérieures, légèrement élargis au tiers supérieur, atténués ensuite en ligne droite jusqu'au sommet ; celui-ci à peine dentelé et séparément arrondi. Dessous et pattes finement et irrégulièrement ponctués.

Goyaz : Jatahy (Ch. Pujol).

Brachys nigricans nov. sp. — *Subheptagonal, peu convexe, atténué à l'extrémité, entièrement noir, peu brillant ; antennes bronzées, la tête, le pronotum et les élytres avec quelques poils dorés, courts et très irrégulièrement espacés.* — Long., 3,5 ; larg., 1,5 mill.

Tête à peine ponctuée, sillonnée dans toute sa longueur. Pronotum plus large que haut et plus étroit en avant qu'en arrière ; convexe sur le disque, déprimé sur les côtés et le long de la base, couvert d'une ponctuation éparse, très espacée ; la marge antérieure tronquée ; les côtés très obliques avec l'angle postérieur droit ; la base bisinuée avec le lobe médian avancé et échancré en arc ; carène latérale arquée. Écusson lisse et triangulaire. Élytres de la largeur du pronotum et déprimés de part et d'autre à la base, rugueux et chagrinés ; le calus huméral saillant et surmonté d'une carène qui se prolonge le long de la marge latérale à une certaine distance de celle-ci ; les côtés sinueux à hauteur des hanches postérieures, élargis au tiers supérieur, atténués ensuite en ligne droite jusqu'au sommet ; celui-ci dentelé et séparément arrondi. Dessous à peine ponctué ; pattes finement granuleuses.

Goyaz : Jatahy (Ch. Pujol).

Brachys zonalis nov. sp. — *Subheptagonal, assez convexe, d'un bleu brillant à reflets irisés en dessus, la région suturale verdâtre, la moitié antérieure et le sommet des élytres couverts d'une villosité blanche, courte et régulièrement espacée, permettant de nettement apercevoir la nuance foncière et laissant à découvert un espace dénudé semi-lunaire postmédian et commun aux deux élytres. Dessous noir brillant.* — Long., 3,2 ; larg., 1,7 mill.

Tête finement ponctuée, sillonnée dans toute sa longueur ; le front avec deux tubercules arrondis, lisses et glabres. Pronotum plus large que haut et plus étroit en avant qu'en arrière, convexe sur le disque et déprimé de part et d'autre sur les côtés, couvert d'une ponctuation très fine, assez dense, surtout sur les côtés ; la marge antérieure droite ; les côtés très obliques avec l'angle postérieur droit ; la base bisinuée avec le lobe médian très avancé et à peine échancré en arc ; pas de carène latérale. Écusson lisse et triangulaire. Élytres de la largeur du pronotum et déprimés de part et d'autre à la base, rugueux et chagrinés ; le calus huméral surmonté d'une carène qui se prolonge le long de la marge latérale à une certaine distance de celle-ci ; les côtés sinueux à hauteur des hanches postérieures, légèrement élargis au tiers supérieur, atténués ensuite en ligne droite jusqu'au sommet où ils sont conjointement arrondis. Dessous et pattes finement ponctués.

Goyaz : Jatahy (Ch. Pujol).

Lius castor Saund., *Ent. Mont. Mag.*, t. 13 (1876), p. 49.

Minas Geraez : Caraça (E. Gounelle).

Lius striatus nov. sp. — *Subovalaire, très atténué en arrière, convexe en avant, aplani en arrière, d'un bleu verdâtre très obscur en dessus, à reflets irisés ; tête cuivreuse et très brillante. Dessous bleu foncé.* — Long., 3 ; larg., 1,5 mill.

Tête lisse, largement excavée en avant. Pronotum beaucoup plus large que haut, finement pointillé, la ponctuation espacée sur le disque et dense sur les côtés ; la marge antérieure faiblement échancrée en arc ; les côtés obliques ; la base sinueuse avec le lobe médian tronqué. Écusson lisse, en triangle élargi. Élytres de la largeur du pronotum et déprimés de part et d'autre à la base, assez convexes en avant, plans en arrière, couverts de stries longitudinales assez accentuées et présentant de part et d'autre, au sommet, un calus terminal allongé et deux plis longitudinaux allongés, situés vers le tiers supérieur, l'un contre le bord extérieur et l'autre à côté et un peu au-dessus du précédent ; les côtés sinueux à l'épaule, brusquement atténués en ligne droite avant le milieu jusqu'au sommet ; celui-ci séparément arrondi et dentelé. Dessous et pattes finement granuleux.

Goyaz : Jatahy (Ch. Pujol).

Lius Otus Saund., *Ent. Mont. Mag.*, t. 13 (1876), p. 50.
Minas-Geraez : Caraça (E. Gounelle).

Lius violaceus nov. sp. — *Subheptagonal, convexe, atténué à l'extrémité, d'un cuivreux violacé en dessus et passant au bleu intense à reflets violets chez certains exemplaires. Dessous noir à reflets irisés.* — Long., 5 ; larg., 2,3 mill.

Tête finement ponctuée ; front excavé et sillonné. Pronotum convexe, beaucoup plus large que haut, preque lisse, avec quelques points irrégulièrement espacés, plus denses sur les côtés que sur le disque ; la marge antérieure à peine échancrée en arc ; les côtés très obliques ; la base fortement bisinuée avec le lobe médian large, avancé et tronqué. Écusson lisse, en triangle élargi à la base. Élytres de la largeur du pronotum et déprimés de part et d'autre à la base, convexes en avant, plans en arrière et couverts de séries longitudinales de points ; le calus huméral saillant de même que l'extrémité ; les côtés sinueux en avant, atténués suivant une courbe peu accusée jusqu'au sommet ; celui-ci séparément arrondi et dentelé. Dessous très finement granuleux ainsi que les pattes.
Goyaz : Jatahy (Ch. Pujol).

Lius magnus nov. sp. — *Assez grand, pentagonal, convexe, atténué en avant, élargi à l'épaule, très acuminé au sommet, entièrement d'un bronzé clair et très brillant.* — Long., 6,5 ; larg., 3 mill.

Tête convexe, à peine déprimée en avant, finement et régulièrement ponctuée. Pronotum convexe, plus large que haut, finement et régulièrement ponctué ; la marge antérieure tronquée ; les côtés très obliques et faiblement arqués ; la base bisinuée avec le lobe médian large, avancé et échancré en arc. Écusson lisse, en triangle élargi à la base. Élytres très convexes, triangulaires, de la largeur du pronotum et faiblement déprimés de part et d'autre à la base, couverts de séries longitudinales de très fins points linéaires à peine sensibles ; le calus huméral saillant ; les côtés obliquement atténués à partir de l'épaule jusqu'au sommet ; celui-ci conjointement arrondi et dentelé. Dessous finement granuleux et irrégulièrement ponctué.
Goyaz : Jatahy (Ch. Pujol).

Lius tristis nov. sp. — *Subheptagonal, convexe, entièrement noir bleuâtre en dessus, les côtés antérieurs du pronotum bronzés, les élytres couverts de quelques poils blancs, courts et très espacés. Dessous bronzé obscur et brillant.* — Long., 4,5 ; larg., 2 mill.

Tête finement granuleuse, creusée en avant et sillonnée dans toute sa longueur. Pronotum convexe, beaucoup plus large que haut, finement granuleux ; la marge antérieure faiblement échancrée en arc ; les côtés obliques ; la base très sinueuse avec le lobe médian avancé et échancré en arc. Écusson lisse, en triangle élargi à la base. Élytres de la largeur du pronotum et déprimés de part et d'autre à la base, finement chagrinés et couverts de vagues séries longitudinales de points ; le calus huméral saillant ; les côtés sinueux en dessous du calus et atténués à partir du tiers antérieur jusqu'au sommet ; celui-ci séparément arrondi et dentelé. Dessous finement granuleux.

Goyaz : Jatahy (Ch. Pujol).

Lius LAFERTEI Thoms., *Typ. Bupr. Mus. Thoms.* (1878), p. 92.

Rio : Tijuca (E. Gounelle); Goyaz : Jatahy (Ch. Pujol).

Lius VARIABILIS Waterh., *Biol. Cent.-Amr.*, t. 3, pt. 1 (1889), p. 136.

Bahia : S. Antonio da Barra (E. Gounelle).

Lius dimidiatus nov. sp. — *Étroit, cunéiforme, allongé, convexe ; tête, pronotum et écusson cuivreux ; élytres d'un bleu ver- dâtre brillant. Dessous noir.* — Long., 3 ; larg., 1,2 mill.

Tête finement ponctuée, sillonnée dans toute sa longueur. Pronotum convexe, plus large que haut, finement et régulièrement ponctué ; la marge antérieure tronquée ; les côtés obliques et faible- ment arqués ; la base sinueuse avec un lobe médian faiblement échancré en arc. Écusson lisse, en triangle élargi. Élytres convexes, de la largeur du pronotum et déprimés de part et d'autre à la base, couverts de séries longitudinales de points ; les côtés presque droits jusqu'au tiers antérieur, atténués ensuite jusqu'au sommet ; celui-ci conjointement arrondi et dentelé. Dessous finement granuleux.

Goyaz : Jatahy (Ch. Pujol).

Lius viridis nov. sp. — *Subheptagonal, convexe, atténué à l'extrémité, d'un vert brillant en dessus, les élytres laissant émerger de la ponctuation des stries de poils courts et blanchâtres. Dessous noir et brillant.* — Long., 3,5 ; larg., 1,6 mill.

Tête faiblement excavée, sillonnée dans toute sa longueur, fine- ment et régulièrement ponctuée. Pronotum convexe, plus large que haut, couvert d'une ponctuation fine et régulièrement espacée ; la marge antérieure tronquée ; les côtés obliques et à peine arqués ; la base sinueuse avec un lobe médian tronqué. Écusson lisse, en triangle élargi. Élytres de la largeur du pronotum et faiblement déprimés de part et d'autre à la base, couverts de séries longitudi- nales de points ; le calus huméral très saillant ; les côtés sinueux en dessous de ce calus et atténués à partir du tiers antérieur jusqu'au sommet ; celui-ci conjointement arrondi avec un très petit vide anguleux sutural et à peine dentelé. Dessous finement granuleux.

Goyaz : Jatahy (Ch. Pujol).

Lius modestus nov. sp. — *Cunéiforme, subheptagonal, convexe, d'un bronzé pourpré très brillant; antennes et pattes noires.* — Long., 3 ; larg., 1,5 mill.

Tête finement granuleuse, à peine ponctuée, creusée en avant et sillonnée dans toute sa longueur. Pronotum convexe, plus large que haut, couvert d'une ponctuation excessivement fine et régulièrement espacée ; la marge antérieure tronquée ; les côtés obliques avec l'angle postérieur droit ; la base sinueuse avec un lobe médian avancé et faiblement échancré. Écusson lisse, en triangle élargi. Élytres convexes, de la largeur du pronotum et impressionnés de part et d'autre à la base, couverts de séries longitudinales de points plus nets en avant qu'en arrière ; la région postérieure plus granuleuse que l'antérieure ; le calus huméral peu saillant ; les côtés droits jusqu'au tiers antérieur, ensuite atténués en ligne droite jusqu'au sommet ; celui-ci conjointement acuminé et faiblement dentelé. Dessous finement granuleux.

Goyaz : Jatahy (Ch. Pujol).

Lius clarus nov. sp. — *Cunéiforme, subheptagonal, convexe, d'un bronzé clair et brillant; antennes et pattes noires.* — Long., 2,8 ; larg., 1,3 mill.

Tête finement granuleuse et à peine ponctuée, creusée en avant. Pronotum convexe, finement et régulièrement ponctué ; la marge antérieure faiblement échancrée en arc ; les côtés obliques, faiblement arqués ; la base sinueuse avec un lobe médian avancé et faiblement échancré en arc. Élytres de la largeur du pronotum et déprimés de part et d'autre à la base, couverts de petites rides irrégulières et transversales et de séries longitudinales de points ; les côtés à peine sinueux au tiers antérieur, atténués ensuite jusqu'au sommet ; celui-ci conjointement arrondi et dentelé. Dessous ponctué et finement granuleux.

Minas Geraez : Caraça (E. Gounelle).

Lius carmineus Kerr., *Ann. Soc. Ent. France*, 1896, p. 167.
Bahia : S. Antonio da Barra (E. Gounelle).

Lius elongatus Kerr., *Ann. Soc. Ent. France*, 1896, p. 168.
Brésil.

Leiopleura dubia nov. sp. — *Subovalaire, convexe; tête bronzée; pronotum noir; élytres d'un bleu noirâtre et brillant, à reflets violacés. Dessous noir brillant.* — Long., 3 ; larg., 1,8 mill.

Tête finement granuleuse ; front faiblement sillonné. Pronotum convexe, plus large que haut, aplani sur les côtés, ceux-ci finement granuleux ; le disque ponctué ; la marge antérieure échancrée en arc ; les côtés obliquement arqués ; la base sinueuse avec le lobe médian très avancé et tronqué. Écusson lisse, en triangle élargi.

Élytres convexes, de la largeur du pronotum et déprimés de part et d'autre à la base et sur les côtés à hauteur des hanches postérieures, ces dépressions limitant un calus huméral saillant et oblique; couverts de vagues séries longitudinales de points; les côtés droits jusqu'au milieu, ensuite atténués suivant une courbe peu prononcée jusqu'au sommet; celui-ci conjointement arrondi et dentelé. Dessous finement granuleux.

Bolivie : Cochimba.

LEIOPLEURA ÆNEIFRONS Waterh., *Biol. Centr.-Amer.*, t. 3, pt. 1 (1889), p. 100.

Pernambuco : Pery Pery (E. Gounelle).

Leiopleura rotundata nov. sp. — *Oblong-élargi, convexe, tête et pronotum noirs, élytres bleus; dessous noir.* — Long., 2,5; larg., 1,5 mill.

Tête très finement et régulièrement ponctuée; front vaguement impressionné. Pronotum plus large que haut et plus étroit en avant qu'en arrière; le disque lisse, les côtés finement granuleux; la marge antérieure échancrée en arc; la latérale obliquement et faiblement arquée; la base bisinuée avec le lobe médian arqué. Écusson grand, en triangle plus large que haut. Élytres de la largeur du pronotum à la base; les côtés régulièrement arqués de la base au sommet avec une dépression latérale sous le calus huméral. Dessous à peine ponctué.

Bahia : S. Antonio da Barra (E. Gounelle).

Leiopleura tristis nov. sp. — *Elliptique, allongé, convexe en dessus, d'un noir de fumée très brillant; tête verte. Dessous noir brillant.* — Long., 3,5; larg. 1,2 mill.

Tête finement ponctuée, à peine sillonnée. Pronotum convexe, plus large que haut, lisse, à peine ponctué; la marge antérieure faiblement échancrée en arc; les côtés arqués; la base sinueuse avec un lobe médian très avancé et tronqué. Écusson lisse, en triangle équilatéral. Élytres de la largeur du pronotum et déprimés de part et d'autre à la base, couverts de séries longitudinales de points et de quelques rides transversales à la partie antérieure; les côtés droits jusqu'au milieu, atténués ensuite suivant une courbe régulière et dentelés jusqu'au sommet; celui-ci conjointement arrondi. Dessous très finement granuleux.

Pernambuco : Serra da Bernada (E. Gounelle).

LEIOPLEURA MINUTA Kerr., *Ann. Soc. Ent. France*, 1894, p. 422. Rio : Tijuca (E. Gounelle).

Leiopleura cyanura nov. sp. — *Elliptique, convexe en dessus; tête bleue; pronotum violacé et brillant; élytres d'un noir bleuâtre. Dessous bronzé obscur et brillant.* — Long., 3; larg., 1,2 mill.

Tête finement granuleuse avec une petite fossette frontale arrondie. Pronotum plus large que haut, convexe, couvert d'une ponctuation très fine et régulièrement espacée ; la marge antérieure à peine bisinuée ; les côtés régulièrement arqués ; la base bisinuée avec le lobe médian avancé et tronqué. Écusson lisse, en triangle équilatéral. Élytres convexes, de la largeur du pronotum et déprimés de part et d'autre à la base, couverts de séries longitudinales de points à peine sensibles ; les côtés droits jusqu'au milieu, ensuite atténués suivant une courbe régulière et dentelés jusqu'au sommet ; celui-ci conjointement arrondi. Dessous finement granuleux.

Pernambuco : Pery-Pery (E. Gounelle).

Leiopleura pallidicollis nov. sp. — *Elliptique, convexe, entièrement noir, les élytres légèrement verdâtres.* — Long., 3,5 ; larg., 1,3 mill.

Tête finement granuleuse et faiblement sillonnée dans toute sa longueur. Pronotum plus large que haut, convexe sur le disque, déprimé sur les côtés et le long de la base, couvert d'une ponctuation excessivement fine et très espacée ; la marge antérieure faiblement arquée ; les côtés obliques et à peine arqués ; la base sinueuse avec le lobe médian avancé et tronqué. Écusson lisse, en triangle équilatéral. Élytres convexes, de la largeur du pronotum et déprimés de part et d'autre à la base et sur les côtés à hauteur des hanches postérieures, couverts de séries longitudinales de points ; les côtés sinueux jusqu'au milieu et atténués ensuite suivant un arc régulier jusqu'au sommet ; celui-ci conjointement arrondi et à peine dentelé. Dessous finement granuleux.

Rio : Tijuca (E. Gounelle).

Leiopleura puella Kerr., *Ann. Soc. Ent. France*, 1896, p. 171.

Pernambuco : Serra da Bernada ; Ceara : Serra da Baturite (E. Gounelle).

Leiopleura clara nov. sp. — *Subovalaire, convexe, d'un noir bronzé verdâtre très brillant en dessus ; dessous noir.* — Long., 2,5 ; larg., 1,5 mill.

Tête régulièrement ponctuée ; front sillonné. Pronotum beaucoup plus large que haut, convexe sur le disque, déprimé de part et d'autre sur les côtés à la base, la marge antérieure faiblement échancrée en arc ; les côtés arqués en quart de cercle ; la base fortement bisinuée avec le lobe médian avancé et tronqué. Écusson en triangle équilatéral. Élytres de la largeur du pronotum et déprimés de part et d'autre à la base et sur les côtés à hauteur des hanches postérieures, ces deux dépressions limitant le calus huméral qui est saillant ; les côtés droits jusqu'à la moitié inférieure et atténués ensuite suivant un arc peu prononcé jusqu'au sommet ;

la carène latérale tranchante; l'extrémité conjointement arrondie et finement dentelée. Dessous à peine ponctué.

Rio : Tijuca (E. Gounelle).

Leiopleura cœruleicollis nov. sp. — *Subovalaire, élargi, convexe, plus atténué en arrière qu'en avant; tête et pronotum bleus, brillants, ce dernier pourpré sur les côtés; élytres d'un bleu verdâtre obscur et brillant, les côtés légèrement violacés. Dessous noir brillant.* — Long., 3; larg., 1,6 mill.

Tête à peine ponctuée, sillonnée dans toute sa longueur. Pronotum convexe, légèrement aplani sur les côtés où il est finement granuleux, finement et régulièrement ponctué sur le disque, la ponctuation assez espacée; la marge antérieure échancrée en arc; les côtés obliquement arqués; la base sinueuse avec le lobe médian avancé et tronqué. Écusson lisse, en triangle équilatéral. Élytres convexes, de la largeur du pronotum et déprimés de part et d'autre à la base et sur les côtés à hauteur des hanches postérieures, couverts de séries longitudinales de points; les côtés sinueux en avant, légèrement élargis vers le milieu, atténués ensuite suivant une courbe régulière et dentelés jusqu'au sommet; celui-ci conjointement arrondi. Dessous finement granuleux.

Minas Geraez: Matusinhos (E. Gounelle).

Callimicra brevis Cast. et Gory, *Monogr.*, t. 2 (1839), *Coraebus*, p. 17, pl. 4, fig. 26.

Minas Geraez: Caraça (E. Gounelle).

Callimicra nigra nov. sp. — *Oblong, convexe, atténué en avant, arrondi en arrière, entièrement noir, plus brillant en dessus qu'en dessous.* — Long., 4,5; larg., 2 mill.

Tête finement granuleuse et ponctuée, sillonnée dans toute sa longueur. Pronotum convexe, plus large que haut, finement granuleux et légèrement aplani sur les côtés, ponctué sur le disque; la marge antérieure bisinuée avec le lobe médian avancé et subanguleux; les côtés arqués en avant et droits en arrière; la base sinueuse avec le lobe médian avancé et tronqué; une courte carène latérale, légèrement arquée, part un peu en deçà de l'angle inférieur et est subperpendiculaire à la base. Écusson subcordiforme. Élytres convexes, de la largeur du pronotum et déprimés de part et d'autre à la base, couverts de petites rides transversales irrégulières et de séries longitudinales de points; les côtés légèrement sinueux à hauteur des hanches postérieures, à peine élargis au tiers supérieur, ensuite atténués et largement arrondis au sommet; celui-ci faiblement dentelé. Dessous finement granuleux.

Goyaz : Jatahy (Ch. Pujol).

Callimicra taciturna Gory, *Monogr. supp.*, t. 4 (1841), p. 280, pl. 46, fig. 273.

Minas Geraez : Caraça (E. Gounelle).

Callimicra cuprea nov. sp. — *Elliptique, convexe, d'un cuivreux vert très brillant en dessus; dessous noir.* — Long., 4,5; larg., 1,8 mill.

Tête convexe, sillonnée dans toute sa longueur, finement et régulièrement ponctuée. Pronotum convexe, plus large que haut, aplani sur les côtés, un peu déprimé le long de la base, couvert d'une fine ponctuation régulièrement espacée; la marge antérieure bisinuée avec un lobe médian très avancé; les côtés obliquement arqués; la base sinueuse avec le lobe médian avancé et tronqué; une courte carène latérale est subperpendiculaire à la base et légèrement arquée. Écusson lisse, en triangle élargi. Élytres convexes, de la largeur du pronotum et déprimés de part et d'autre à la base et sur les côtés à hauteur des hanches postérieures, couverts de séries longitudinales de points excessivement fins; les côtés sinueux en avant, légèrement élargis au tiers supérieur, ensuite régulièrement arqués jusqu'au sommet; celui-ci dentelé et séparément arrondi. Dessous finement granuleux.

Rio : Tijuca (E. Gounelle).

Callimicra cyanea nov. sp. — *Elliptique, convexe, tête et pronotum d'un bleu verdâtre très brillant; élytres bleus. Dessous noir.* — Long., 3,7; larg., 1,3 mill.

Tête à ponctuation assez forte et très dense; une fossette linéaire au milieu du front. Pronotum semi-circulaire, convexe, aplani sur les côtés et déprimé le long de la base, couvert d'une fine ponctuation assez espacée; la marge antérieure bisinuée avec le lobe médian très avancé; les côtés régulièrement arqués; la base bisinuée avec un lobe médian large, avancé et arqué; carène latérale assez grande, faiblement arquée. Écusson triangulaire, allongé et lisse. Élytres convexes, de la largeur du pronotum et déprimés de part et d'autre à la base, granuleux et beaucoup plus rugueux que le pronotum, à peine sinueux sur les côtés à hauteur des hanches postérieures, très légèrement élargis au tiers supérieur, ensuite atténués suivant un arc régulier jusqu'au sommet; celui-ci conjointement arrondi et finement dentelé. Dessous finement granuleux.

Goyaz : Jatahy (Ch. Pujol).

Callimicra scapha Kerr., *Ann. Soc. Ent. Belg.*, t. 40 (1896), p. 333.

Minas Geraez : Matusinhos (E. Gounelle).

Callimicra elongata nov. sp.—*Étroit, allongé, oblong, convexe, d'un beau vert clair et brillant en dessus ; dessous noir.* — Long., 3,8 ; larg., 1 mill.

Tête lisse, finement ponctuée, sillonnée dans toute sa longueur, le sillon terminé, sur le front, par une fossette allongée. Pronotum très convexe, presque aussi large que haut, couvert d'une ponctuation régulièrement espacée, déprimé sur les côtés et le long de la base ; la marge antérieure et les côtés arqués ; la base sinueuse avec le lobe médian avancé et arqué ; une carène sinueuse longe la marge latérale. Écusson en triangle élargi. Élytres très convexes, de la largeur du pronotum et déprimés de part et d'autre à la base, couverts de plis transversaux irréguliers entremêlés de points enfoncés ; les côtés sinueux à hauteur des hanches postérieures, légèrement élargis au tiers supérieur, atténués ensuite suivant une courbe régulière jusqu'au sommet ; celui-ci conjointement arrondi et à peine dentelé. Dessous finement granuleux.

Minas Geraez : Caraça (E. Gounelle).

A LIST OF THE ÆGIALITIDÆ AND CISTELIDÆ

supplementary to the « Munich » Catalogue [1]

BY

G. C. CHAMPION

ÆGIALITIDÆ

Ægialites Mann. (2).

Fuchsi Horn, Trans. Am. Ent. Soc. XX, p. 143.   California.

CISTELIDÆ

Cylindrothorus Solier.
(*Othelecta* Pascoe.)

Bohemani Fairm., Ann. Soc. Ent. Fr. 1888, p. 196.   N'Gami.
rufulus Fairm., Notes Leyd. Mus. X, p. 267.   Benguela.

Atractus Lacord.
(*Æthyssius* Pascoe.)

cyaneus Macl., Trans. Ent. Soc. N. S. W. II, p. 300.   Gayndah.
eros Pasc., Ann. and Mag. Nat. Hist. (4) VIII, p. 357
   (*Æthyssius*).   N. S. Wales.
flavipes Macl., Proc. Linn. Soc. N. S. W. (2) II, p. 313.   Queensland.
ruficollis Macl., Trans. Ent. Soc. N. S. W. II, p. 300.   Gayndah.
rugosulus Macl., l. c. p. 300.   Id.
vitticollis Macl., l. c. p. 300.   Id.
vittipennis Macl., Proc. Linn. Soc. N. S. W. (2) II,
   p. 313.   Queensland.

Synatractus
Macleay, Proc. Linn. Soc. N. S. W. (2) II p. 312, (1887).

variabilis Macl., l. c. p. 312.   Queensland.

---

(1) To the end of 1896.
(2) Preoccupied in Aves.

Alcmeonis F. Bates.

punctulaticollis Blackb., Trans. R. Soc. S. Austr.
XVII, p. 133.   Victoria.

Ismarus

Haag, Verh. Ver. Hamb. III, p. 104 (1878); Journ. Mus. Godeffr.
XIV, p. 134 (1879).

Godeffroyi Haag, l. c. p. 104; l. c. p. 134.   Queensland.

Licymnius F. Bates.

bicolor Blackb., Trans. R. Soc. S. Austr. XVII, p.133.   S. Australia.
strigicollis Fairm., Petites Nouv. Ent. II, p. 167;
Journ. Mus. Godeffr. XIV, p. 110.   Peak Downs.

Anaxo F. Bates.

œreus Blackb., Trans. R. Soc. S. Austr. XIV, p. 308.   Victoria.
affinis Blackb., l. c. p. 309.   S. Australia.
ater Blackb., l. c. p. 310.   Victoria.
cylindricus Germ., var. *obscurus* Blackb., l. c. p. 309.   S. Australia.
fuscoviolaceus Fairm., Petites Nouv. Ent. II, p. 167;
Journ. Mus. Godeffr. XIV, p. 111.   Peak Downs.
lindensis Blackb., Trans. R. Soc. S. Austr. XIV,
p. 309.   S. Australia.
occidentalis Blackb., l. c. p. 311.   W. Australia.
puncticeps Blackb., l. c. p. 311.   Victoria.
rufojanthina Fairm., Petites Nouv. Ent. II, p. 279;
Ann. Soc. Ent. Fr. 1881, p. 284.   Fiji.
sparsus Blackb., Trans. R. Soc. S. Austr. XIV, p. 310.   Victoria.
sydneyanus Blackb., op. cit. XVI, p. 134.   Id.

Chromomæa Pascoe.

maculicornis Blackb., Trans. R. Soc. S. Austr. XIV,
p. 315.   Victoria.
Mastersi Macl., Trans. Ent. Soc. N. S. W. II, p. 300.   Gayndah.
nigriceps Champ., Trans. Ent. Soc. Lond. 1895,
p. 215.   W. Australia (1).
picea Macl., Trans. Ent. Soc. N. S. W. II, p. 300.   Gayndah.
rufipennis Blackb., Trans. R. Soc. S. Austr. XIV,
p. 316.   Victoria.

Metistete Pascoe.

costatipennis Champ., Trans. Ent. Soc. Lond. 1895,
p. 221.   N. W. Australia.

---

(1) The locality was incorrectly given by me as Hobart, Tasmania : it should be Fremantle, W. Australia.

incognita Blackb., Horn Exped. II, p. 280 (1896). Centr. Australia.
Lindi Blackb., Proc. Linn. Soc. N. S. W. (2) III,
   p. 1438.   Port Lincoln.
Pascoei Macl., Trans. Ent. Soc. N. S. W. II, p. 299.   Gayndah.
pimelioides Hope, Gemm. et Harold, Cat. VII, p. 2045
   (*Allecula*); Blackb., Proc. Linn. Soc. N. S. W. (2)
   III, p. 1436.

Apellatus Pascoe.

apicalis Blackb., Proc. Linn. Soc. N. S. W. (2) III,
   p. 1440.   W. Australia.
nigricornis Blackb., Trans. R. Soc. S. Austr. XIV,
   p. 315.   Victoria.
nodicornis Blackb., l. c. p. 314.   Id.
palpalis Macl., Trans. Ent. Soc. N. S. W. II, p. 298
   (♂); Blackb., Proc. Linn. Soc. N. S. W. (2) VII,
   p. 115.
     Mastersi Macl., l. c. p. 299 (♀).   Gayndah.
tasmanicus Champ., Trans. Ent. Soc. Lond. 1895,
   p. 215.   Tasmania.

Tanychilus Newm.

sophoræ Broun, Man. New Zeal. Col., p. 396.   New Zealand.

Xylochus
Broun, Man. New Zeal. Col., p. 396 (1880).

dentipes Broun, New Zeal. Journ. Sci. I, p. 379 (1883).   New Zealand.
spinifer Broun, Man. New Zeal. Col., p. 1168.   Id.
substriata Broun, l. c. p. 397.   Id.
tibialis Broun, l. c. p. 397.   Id.

Omedes
Broun, Man. New Zeal. Col., p. 1169 (1893).

apterus Broun, Ann. and Mag. Nat. Hist. (6) XV,
   p. 244.   New Zealand.
fuscatus Broun, Man. New Zeal. Col., p. 1170.   Id.
nitidus Broun, l. c. p. 1169.   Id.

Temnes
Champion, Biol. Centr.-Am., Col. IV, 1, p. 410 (1888).

cœruleus Champ., l. c. p. 410, t. 18, ff. 15, 15*a*.   Panama.

Bratyna
Westwood, Trans. Ent. Soc. Lond. 1875, p. 228.

apicalis Westw., l. c., p. 228, t. 7, f. 2.   Old Calabar.

Omolepta

Fåhræus, Öfv. Vet.-Ak. Förh. XXVII, p. 320 (1870).

elegans Fåhr., l. c., p. 320.   Caffraria.

Amorphopoda

Fåhræus, Öfv. Vet.-Ak. Förh. XXVII, p. 320 (1870).

elateroides Fåhr., l. c. p. 321.   Caffraria.

Psilonycha

Fåhræus, Öfv. Vet.-Ak. Förh. XXVII, p. 321 (1870).

campestris Fåhr., l. c. p. 322.   Caffraria.
tenella Fåhr., l. c. p. 322.   Caffraria.

Ectenostoma

Fåhræus, Öfv. Vet.-Ak. Förh. XXVII, p. 317 (1870).

apicalis Müll., Tijdschr. voor Ent. XXX, p. 307,
     t. 12, f. 8.   Zambesia.
nigriventris Fåhr., Öfv. Vet.-Ak. Förh. XXVII,
     p. 317.   Caffraria.

Alogista

Fåhræus, Öfv. Vet.-Ak. Förh. XXVII, p. 318 (1870).

abnormis Fåhr., l. c., p. 318.   Caffraria.

Ectatocera

Fåhræus, Öfv. Vet.-Ak. Förh. XXVII, p. 325 (1870).

longicornis Fåhr., l. c. p. 325.   Caffraria.

Blepusa Westw.

Dormei Fairm., Compt. rend. Soc. Ent. Belg. XXXIII,
     p. XLIII.   Minas Geraes.

Lobopoda Solier.

acutangula Champ., Biol. Centr.-Am., Col. IV. 1,
     p. 390, t. 17, ff. 3, 3*a*.   Centr. America.
æneipennis Champ., l. c. p. 408, t. 18, ff. 2, 2*a*.   Panama.
æneotincta Champ., l. c. p. 405.   Id.
apicalis Champ., l. c. p. 393, t. 17, ff. 8, 8*a*.   Guatemala.
asperula Champ., l. c. p. 390, t. 17, ff. 2, 2*a*, 2*b*.   Yucatan.
atrata Champ., l. c. p. 394, t. 17, ff. 9, 9*a*.   Centr. America.
attenuata Champ., l. c. p. 397, t. 17, f. 16.   Id.
calcarata Champ., l. c. p. 563, t. 23, f. 23.   Mexico.

cariniventris Champ., l. c. p. 408, t. 18, f. 12.   Panama.
.*chontalensis* Champ., l. c. p. 399.   Nicaragua.
convexicollis Champ., l. c. pp. 395, 564, t. 17, f. 12. Centr. America.
ebenina Champ., Trans. Ent. Soc. Lond. 1896, p. 34,
     t. 1, f. 11.   Grenada I.
femoralis Champ., Biol. Centr.-Am., Col. IV, 1,
     p. 398, t. 17, ff. 18, 18*a*.   Centr. America.
foveata Champ., l. c. pp. 405, 565, t. 18, ff. 7, 7*a*.   Panama.
gigantea Champ., l. c. p. 388., t. 17, f. 1.   Mexico.
glabrata Champ., l. c. p. 409, t. 18, ff. 14, 14*a*.   Panama.
grandis Champ., l. c. p. 389.   Nicaragua.
hirta Champ., l. c. p. 400.   Id.
insularis Champ., Trans. Ent. Soc. Lond. 1896, p. 33,
     t. 1, ff. 10, 10*a*.   Mustique I., W. I.
irazuensis Champ., Biol. Centr.-Am., Col. IV, 1,
     p. 406, t. 18, ff. 9, 9*a*.   Costa Rica.
jalapensis Champ., l. c. pp. 402, 564, t. 18, f. 2.   Mexico.
lævicollis Champ., l. c. p. 401, t. 17, ff. 21, 21*a*, 21*b*.   Id.
mexicana Champ., l. c. p. 392, t. 17, ff. 5, 5*a*.   Centr. America.
minuta Champ., l. c. p. 403, t. 18, f. 4.   Panama.
mucronata Champ., l. c. p. 393, t. 17, f. 7.   Id.
nitens Champ., l. c. p. 406, t. 18, f. 8.   Costa Rica.
nitida Champ., l. c. p. 407.   Panama.
oblonga Champ., l. c. p. 396, t. 17, f. 13.   Yucatan.
obsoleta Champ., l. c. p. 409, t. 18, f. 13.   Centr. America.
oculatifrons Casey, Ann. N. York Acad. VI, p. 81.   Texas.
opaca Champ., Biol. Centr.-Am., Col. IV, 1, pp. 400,
     564, t. 17, ff. 23, 23*a*.   Panama.
opacicollis Champ., l. c. p. 400.   Centr. America.
panamensis Champ., l. c. p. 392, t. 17, ff. 6, 6*a*.   Panama.
parvula Champ., l. c. p. 403, t. 18, f. 3.   Mexico.
pilosa Champ., l. c. pp. 405, 565.   Centr. America.
pilosula Fairm., Ann. Soc. Ent. Fr. 1892, p. 93.   Venezuela.
proxima Champ., Biol. Centr.-Am., Col. IV, 1,
     p. 402, t. 18, f. 1.   Yucatan.
puncticollis Champ., l. c. p. 396, t. 17, ff. 14, 14*a*, 14*b*. Guatemala.
sculpturata Champ., l. c. p. 401, t. 17, f. 20.   Panama.
seriata Champ., l. c. p. 395, t. 17, ff. 11, 11*a*.   Yucatan.
simplex Champ., l. c. p. 399, t. 17, f. 22.   Brit. Honduras.
subcuneata Casey, Ann. N. York Acad. VI, p. 79.   Texas.
subparallela Champ., Biol. Centr.-Am., Col. IV, 1,
     p. 394, t. 17, f. 10.   Mexico.
tarsalis Fleut. et Sallé, Ann. Soc. Ent. Fr. 1889,
     p. 431.   Guadeloupe I.

teapensis Champ., Biol. Centr.-Am., Col. IV, 1,
   p. 564, t. 23, f. 24.   Mexico.
tenuicornis Champ., l. c. p. 403, t. 18, ff. 5, 5*a*.   Panama.
tristis Champ., l. c p. 391, t. 17, ff. 4, 4*a*.   Id.
tropicalis Champ., l. c. p. 398, t. 17, f. 17.   Id.
viridipennis Champ., l. c. p. 407, t. 18, ff. 10, 10*a*.   Id.
viridis Champ., l. c. p. 404, t. 18, ff. 6, 6*a*, 6*b*.   Centr. America.
yucatanica Champ., l. c. p. 397, t. 17, ff. 15, 15*a*.   Yucatan.

Stenerula
Fairmaire, Bull. Soc. Ent. Fr. (5) V, p. xli (1875).

subopaca Fairm., l. c. p. 41.   Madagascar.

Apalmia
Fairmaire, Ann. Soc. Ent. Belg. 1896, p. 60.

cerambycina Fairm., l. c. p. 60.   Prome.

Dioxycula
Fairmaire, Notes Leyd. Mus. XVIII, p. 116 (1896).

aranea Fairm., l. c. p. 116.   Java.

Allecula Fabr.

acicularis Mars., Ann. Soc. Ent. Fr. 1876, p. 325.   Japan.
acuminata Fairm., Ann. Soc. Ent. Fr. 1892, p. 94.   Venezuela.
œneipennis Harold, Deutsche Ent. Zeit. 1878, p. 80;
   Lewis, Ann. and Mag. Nat. Hist. (6) XV, p. 252.   Japan.
œthiopica Ritsema, Tijdschr. voor Ent. XVIII, p. 132
   (Dietopsis).   Congo.
angustata Champ., Biol. Centr.-Am., Col. IV, 1,
   p. 416, t. 19, f. 3.   Mexico.
annamensis Fleut., Ann. Soc. Ent. Fr. 1887, p. 65.   Annam.
annulata Mäkl., Act. Soc. Fenn. X, p. 667.   Java.
arcuatipes Fairm., Ann. Soc. Ent. Fr. 1893, p. 34.   Indo-China.
arcuatipes Fairm., Ann. Soc. Ent. Belg., 1896, p. 37.   Kanara.
arthritica Fairm., l. c. p. 36.   Belgaum.
basitibialis Fairm., l c. p. 37.   Kanara.
Belti Champ., Biol. Centr.-Am., Col. IV, 1, p. 414,
   t. 18, f. 22.   Nicaragua.
bilamellata Mars., Ann. Soc. Ent. Fr., 1876, p. 323.   Japan.
brachydera Fairm., Ann. Soc. Ent. Fr. 1893, p. 35.   Indo-China.
brachydera Fairm., Ann. Soc. Ent. Belg. 1896, p. 38.   Belgaum.
castaneipennis Champ., Biol. Centr.-Am., Col. IV, 1,
   p. 412, t. 18, f. 16.   Centr. and S. America.
cinnamomea Quedenf., Berl. Ent. Zeit. XXIX, p. 35.   Quango.
comorana Fairm., Ann. Soc. Ent. Belg. 1893, p. 543.   Comoro Is.

coreana Kolbe, Arch. f. Naturg. LII, 1, p. 211, t. 11,
   f. 36; Seidl., Naturg. Ins. Deutschl. V, 2, p. 37.   Corea.
costata Haag, Verh. Ver. Hamb. III, p. 105.   Gayndah.
costipennis F. Bates, Cist. Ent. II, p. 482; Second
   Yark. Miss., Col., p. 76 (*Dietopsis*).   Murree.
crassipes Fairm., Notes Leyd. Mus. IV, p. 254.   Sumatra.
crenulata Fairm., Ann. Soc. Ent. Belg. 1896, p. 61.   Burma.
cribricollis Fairm., Ann. Soc. Ent. Fr. 1883, p. 514. Monte Video.
cruralis Mars., Ann. Soc. Ent. Fr. 1876, p. 324.   Japan.
cruralis Fairm., Notes Leyd. Mus. X, p. 267 (1888).   Humpata.
cryptomeriæ Lewis, Ann. and Mag. Nat. Hist. (6) XV,
   p. 250.   Japan.
cuneipennis Fairm., Notes Leyd. Mus. XVIII, p. 235.   Sumatra.
decorata Kirsch, Berl. Ent. Zeit. XXX, p. 335.   Colombia.
densaticollis Fairm., Compt. rend. Soc. Ent. Belg.
   1891, p. ccxv.   Tchang-Yang.
depressa Champ., Biol. Centr.-Am., Col. IV, 1, p. 415,
   t. 19, ff. 1, 1*a*.   Mexico.
diluta Fairm., Ann. Soc. Ent. Belg. 1896, p. 39.   Belgaum.
divisa Reitt., Rev. Mens. Ent. I, p. 115; Seidl.,
   Naturg. Ins. Deutschl. V, 2, p. 37.   Caucasus.
ellipsodes Fairm., Ann. Soc. Ent. Belg. 1896, p. 38.   Belgaum.
elongata Macl., Trans. Ent. Soc. N. S. W. II, p. 302. Gayndah.
estriata Seidl., Naturg. Ins. Deutschl. V, 2, p. 37.   Külek.
ferox Champ., Biol. Centr.-Am., Col. IV, 1, p. 413,
   t. 18. ff. 19, 19*a*, 19*b*.   Guatemala.
filicornis Fairm., Ann. Soc. Ent. Belg. 1896, p. 37.   Belgaum.
flavicornis Kolbe, Berl. Ent. Zeit. XXVII, p. 25 (1883). Chinchoxo.
flavicornis Macl., Proc. Linn. Soc. N. S. W. (2) II,
   p. 316 (1887).   Queensland.
foveipennis Fairm., Ann. Soc. Ent. Fr. 1883, p. 514.   Monte Video.
fuliginosa Mäkl., Act. Soc. Fenn. X, p. 666 (1875);
   Lewis, Ann. and Mag. Nat. Hist. (6) XV, p. 251.   Japan.
   obscura Harold, Abhandl. Ver. Brem. V, p. 132
      (1876).
   velutina Mars., Ann. Soc. Ent. Fr. 1876, p. 322
      (1876).
funesta Mäkl., Act. Soc. Fenn. X, p. 665.   Java.
fuscata Fairm., Col. Novit. Oberth. I, p. 80.   Madagascar.
Gaumeri Champ., Biol. Centr.-Am., Col. IV, 1, p. 414,
   t. 18, f. 20.   Yucatan.
gentilis Fairm., Col. Novit. Oberth. I, p. 80.   Madagascar.
hirta Fåhr., Öfv. Vet.-Ak. Förh. XXVII, p. 319
   (*Dietopsis*).   Caffraria.

holomelœna Fairm., Ann. Soc. Ent. Belg. 1894, p. 27.   Bengal.
hypuloides Fairm., Ann. Soc. Ent. Fr. 1893, p. 154.   Senegal.
laticeps Champ., Biol. Centr.-Am., Col. IV, 1, p. 416,
    t. 19, f. 4.   Mexico.
lignicolor Fairm., Col. Novit. Oberth. I, p. 80.   Madagascar.
lineata Kirsch, Berl. Ent. Zeit. XXX, p. 336.   Colombia.
Lœvendali Reitt., Wien. Ent. Zeit. 1886, p. 140
    (= *rhenana* Bach, apud Seidl., Naturg. Ins.
    Deutschl. V, 2, p. 44).   Denmark, etc.
longipennis Quedenf., Berl. Ent. Zeit. XXXII, p. 186
    (*Dietopsis*).   Centr. Africa.
luctuosa Champ., Trans. Ent. Soc. Lond. 1895, p. 216.   Tasmania.
luridipes Fairm., Ann. Soc. Ent. Belg. 1893, p. 300.   Lang-song.
maculicornis Fairm., Ann. Soc. Ent. Belg. 1893,
    p. 542.   Comoro Is.
Mastersi Macl., Trans. Ent. Soc. N. S. W. II, p. 302.   Gayndah.
Mechowi Quedenf., Berl. Ent. Zeit. XXIX, p. 36.   Quango.
melanaria Mäkl., Act. Soc. Fenn. X, p. 669 (1875);
    Lewis, Ann. and Mag. Nat. Hist. (6) XV, p. 251.   Japan.
    rufipes Mars., Ann. Soc. Ent. Fr. 1876, p. 322.
moupinea Fairm., Compt. rend. Soc. Ent. Belg.
    1891, p. ccxv.   Moupin.
navicularis Fairm., Ann. Soc. Ent. Belg. 1893, p. 321.   Tonkin.
noctivaga Lewis, Ann. and Mag. Nat. Hist. (6) XV,
    p. 251.   Japan.
nuceipennis Fairm., Ann. Soc. Ent. Belg. 1893,
    p. 322.   Tonkin.
opacipennis Champ., Biol. Centr.-Am., Col. IV, 1,
    p. 415, t. 19, f. 2.   Mexico.
oronthea Baudi, Deutsche Ent. Zeit. XXV, p. 292;
    Seidl., Naturg. Ins. Deutschl. V, 2, p. 37.   Lebanon.
papuensis Macl., Proc. Linn. Soc. N. S. W. (2) I, p. 156.   New Guinea.
Pascoei Macl., Trans. Ent. Soc. N. S. W. II, p. 302.   Gayndah.
piceata Fairm., Ann. Soc. Ent. Belg. 1894, p. 26.   Bengal.
picta Fähr., Öfv. Vet.-Ak. Förh. XXVII, p. 318
    (*Dietopsis*).   Caffraria.
pilipes Champ., Biol. Centr.-Am., Col. IV, 1, p. 414,
    t. 18, ff. 21, 21*a*,   Mexico.
planicollis Macl., Trans. Ent. Soc. N. S. W. II, p. 303.   Gayndah.
plebeja Kolbe, Berl. Ent. Zeit. 1883, p. 25.   Chinchoxo.
promiscua Mäkl., Act. Soc. Fenn. X, p. 664.   Java.
punctatella Fairm., Ann. Soc. Ent. Belg. 1894, p. 26;
    op. cit. 1896, p. 36.   Bengal.
punctatissima Mäkl., Act. Soc. Fenn. X. p. 664.   Java.

punctipennis Macl., Trans. Ent. Soc. N. S. W. II,
  p. 302.   Gayndah.
rhenana Bach, var. *semilivida* Pic, l'Échange, Rev.
  Linn. 1890, p. 51.   France.
rugicollis Champ., Biol. Centr.-Am., Col. IV, 1,
  p. 412, t. 18, ff. 17, 17*a*.   Mexico.
satsumæ Fairm., Notes Leyd. Mus. XVIII, p. 116.   Japan.
semicaligata Fairm., Ann. Soc. Ent. Belg. 1896,
  p. 36.   Kanara,
seriatopora Fairm., Ann. Soc. Ent. Belg. 1892, p. 251.   Argentina.
sericans Fairm., Ann. Soc. Ent. Fr. 1886, p. 190
  (Dietopsis).   Manila.
sertatipennis Berg, An. Univ. B. Aires VI, p. 125.   Chaco.
simiola Lewis, Ann. and Mag. Nat. Hist. (6) XV,
  p. 251.   Japan.
sordida Horn, Proc. Calif. Acad. Sci. (2) IV,
  p. 432.   Lower California.
squalescens Fairm., Ann. Soc. Ent. Belg. 1894, p. 27.   Bengal.
subsulcata Macl., Trans. Ent. Soc. N. S. W. II, p. 302.   Gayndah.
tenuestriata Fairm , Col. Novit. Oberth. I, p. 79.   Madagascar.
tenuis Mars., Ann. Soc. Ent. Fr. 1876, p. 326.   Japan.
tenuis Fairm., Ann. Soc. Ent. Belg. 1894, p. 27.   Bengal.
umbilicata Seidl., Naturg. Ins. Deutschl. V, 2, p. 38.   China.
veræpacis Champ., Biol. Centr.-Am., Col. IV, 1,
  p. 413, t. 18, f. 18.   Guatemala.
vilis Mäkl., Act. Soc. Fenn. X, p. 668.   Java.
villosipes Fairm., Ann. Soc. Ent. Belg. 1896, p. 60.   Burma.

Mycetocharina

Seidlitz, Fauna Baltica, ed. 2, p. 136 (Gatt.) (1891); Fauna Transsylv.,
  p. 136 (Gatt.) (1891); Naturg. Ins. Deutschl., v. 2, p. 47 (1896).

[Subg. *Alleculopsis* Semenow,
Mém. biol. Acad. St. Pet. XIII, p. 361 (1893).]

Caristela Fairmaire, Ann. Soc. Ent. Belg. 1894, p. 311.

castanea Faust, Horæ Ent. Ross. XII, p. 322 *(Alle-*
  cula).   Samara.
deserticola Semen., Mém. biol. Acad. St. Pet. XIII,
  p. 362 *(Alleculopsis)*.   Buchara.
macrophthalma Gebl., Gemm. et Harold, Cat. VII,
  p. 2045 *(Allecula)*.
megalops Fairm., Ann. Soc. Ent. Belg. 1894, p. 311
  (Caristela).   Algeria.
ocularis Fairm., Rev. d'Ent. XI, p. 115 *(Cistela)*.   Obock.

orientalis Faust, Horæ Ent. Ross. XII, p. 318 (1877)
  (Allecula).   Derbent.
    Beckeri Kiesenw., Verh. Ver. Brünn, XVI, p.245,
      t. 4, f. 39 *(Hymenalia).*   Aksu.
syriaca Baudi, Deutsche Ent. Zeit. 1881, p. 293
  (Cistela).   Syria.

Netopha
Fairmaire, Ann. Soc. Ent. Belg. 1893, p. 299.

pallidipes Fairm., l. c. p. 300.   Lang-song.

Anthracula
Fairmaire, Notes Leyd. Mus. XVIII, p. 236 (1896).

latifrons Fairm., l. c. p. 236.   Simla.

Bolbostetha
Fairmaire, Notes Leyd. Mus. XVIII, p. 117 (1896).

quadricollis Fairm., l. c. p. 117.   Singapore.
soleata Fairm., l. c. p. 117.   Id.

Synallecula
Kolbe, Berl. Ent. Zeit. XXVII, p. 25 (1883).

livida Sahlb., Gemm. et Harold, Cat. VII, p. 2045
  (Allecula).
picea Sahlb., l. c. *(Allecula).*
sororcula Kolbe, Berl. Ent. Zeit. 1883, p. 25.   Chinchoxo.

Charisius
Champion, Biol. Centr.-Am., Col. IV, 1, p. 44 (1888).

fasciatus Champ., l. c. p. 421, t. 19, ff. 12, 12*a*, 13.   Guatemala.
interstitialis Champ., l. c. p. 422.   Mexico.
picturatus Champ., l. c. p. 565, t. 23, f. 21.   Id.
Salvini Champ., l. c. p. 423, t. 19, f. 15.   Guatemala.
zunilensis Champ., l. c. p. 422, t. 19, f. 14.   Id.

Alethia
Champion, Biol. Centr.-Am., Col. IV, 1, p. 417 (1888).

azteca Champ., l. c. p. 418, t. 19, f. 8.   Mexico.
funerea Champ., l. c. p. 419.   Id.
lepturoides Champ., l. c. p. 419, t. 19, ff. 9, 9*a*.   Id.
Högei Champ., l. c. p. 420, t. 19, f. 10.   Id.
longipennis Champ., l. c. p. 418, t. 19, f. 6.   Id.
nitidipennis Champ., l. c. p. 565.   Id.
Sallœi Champ., l. c. p. 417, t. 19, ff. 5, 5*a*, 5*b*.   Id.
subnitida Champ., l. c. p. 418, t. 19, f. 7.   Id.

Narses
Champion, Biol. Centr.-Am., Col. IV, 1, p. 423 (1888).

subalatus Champ., l. c. p. 424, t, 19, ff. 15, 15*a*, 15*b*.   Guatemala.

Barycistela
Blackburn, Trans. R. Soc. S. Austr. XIV, p. 327 (1891).

robusta Blackb., l. c. p. 328.   Queensland.

Hemicistela
Blackburn, Trans. R. Soc. S. Austr. XIV, p. 331 (1891).

discoidalis Blackb., l. c. p. 332.   Victoria.

Nocar
Blackburn, Trans. R. Soc. S. Austr. XIV, p. 328 (1891).

depressiuscula Macl., Trans. Ent. Soc. N. S. W. II,
  p. 303 (*Cistela*).   Gayndah.
  debilis Blackb., Trans. R. Soc. S. Austr. XIV,
    p. 329, XIX, p. 55.   S. Australia.
latus Blackb., l. c. p. 329.   Id.
simplex Blackb., l. c. p. 330.   Id.

Pseudocistela (1)
Blackburn, Trans. R. Soc. S. Austr. XIV, p. 316 (1891).

ovalis Blackb., l. c. p. 317.   Victoria.

Taxes
Champion, Trans. Ent. Soc. Lond. 1895, p. 226.

alphitobioides Champ., l. c. p. 227.   W. Australia.
depressus Champ., l. c. p. 226, t. 6, f. 3.   Id.

Otys
Champion, Trans. Ent. Soc. Lond. 1895, p. 221.

armatus Champ., l. c. p. 222, t. 6, f. 2.   W. Australia.
harpalinus Champ., l. c. p. 221.   Id.
pallens Champ., l. c. p. 222.   Id.

Scaletomerus
Blackburn, Trans. R. Soc. S. Austr. XIV, p. 330 (1891).

harpaloides Blackb., l. c. p. 330.   S. Australia.
proximus Blackb., l. c. p. 331.   Id.

(1) Nomen præocc.

Homotrysis Pascoe.
(*Hybrenia* Pascoe.)

Lisa Haag, Journ. Mus. Godeffr. XIV, p. 134, nota (1879).

angustata Macl., Proc. Linn. Soc. N. S. W. (2) II, p. 315 *(Hybrenia)*.	Queensland.
arida Blackb., Trans. R. Soc. S. Austr. XIX, p. 53.	Centr. Australia.
bicolor Champ., Trans. Ent. Soc. Lond. 1895, p. 217.	Tasmania.
callabonensis Blackb., Trans. R. Soc. S. Austr. XIX, p. 53.	Centr. Australia.
curticornis Haag, Verh. Ver. Hamb. III, p. 105; Journ. Mus. Godeffr. XIV, p. 136.	Peak Downs.
debilicornis Haag, l. c. p. 105; l. c. p. 135.	Id.
fusca Blackb., Trans. R. Soc. S. Austr. XIV, p. 326.	Australia.
laticollis Macl., Proc. Linn. Soc. N. S. W. (2) II, p. 314 *(Hybrenia)*.	Queensland.
limbata Blackb., Trans. R. Soc. S. Austr. XIV, p. 323.	Victoria.
lugubris Blackb., l. c. p. 322.	Victoria.
maculata Haag, Verh. Ver. Hamb. III, p. 105; Journ. Mus. Godeffr. XIV, p. 136, nota.	Cape York.
nitida Blackb., Trans. R. Soc. S. Austr. XIV, p. 326.	S. Australia.
princeps Blackb., l. c. p. 325.	Id.
regularis Macl., Trans. Ent. Soc. N. S. W. II, p. 301.	Gayndah.
rufa Blackb., Trans. R. Soc. S. Austr. XIV, p. 324.	S. Australia.
ruficornis Macl., Trans. Ent. Soc. N. S. W. II, p. 301 (1872).	Gayndah.
ruficornis Blackb., Trans. R. Soc. S. Austr. XIV, p. 322, (1891).	Queensland.
scabrosa Champ., Trans. Ent. Soc. Lond. 1895, p. 218.	W. Australia.
singularis Haag, Journ. Mus. Godeffr. XIV, p. 135, nota *(Lisa)*.	Queensland.
sitiens Blackb., Trans. R. Soc. S. Austr., XIX, p. 53.	Centr. Australia.
subgeminata Macl., Trans. Ent. Soc. N. S. W. II, p. 301.	Gayndah.
sublœvis Macl., Proc. Linn. Soc. N. S. W. (2) II, p. 315 *(Hybrenia)*.	Queensland.
subvittata Macl., l. c. p. 314 *(Hybrenia)*.	Id.
tenebrioides Blackb., Trans. R. Soc. S. Austr. XIV, p. 325.	S. Australia.

Iophon

Champion, Trans. Ent. Soc. Lond. 1895, p. 225.

myrmecophilus Champ., l. c. p. 225, t. 6, f. 4.	N. W. Australia.

Nypsius

Champion, Trans. Ent. Soc. Lond. 1895, p. 219.

œneopiceus Champ., l. c. p. 219.	Tasmania.
foveatus Champ., l. c. p. 220, t. 6, f. 1.	Id.

Buxela

Fairmaire, Ann. Soc. Ent. Belg. XXXVIII, p. 28 (1894).

sordescens Fairm., l. c. p. 28. .   Bengal.

Hymenorus Muls.

americanus Champ., Biol. Centr.-Am., Col. IV, 1,
   p. 438.   Centr. America.
angustatus Champ., l. c. pp. 436, 566.   Guatemala.
apacheanus Casey, Ann. N. York Acad. VI, p. 99.   Arizona.
badius Champ., Biol. Centr.-Am., Col. IV, 1,
   pp. 433, 566, t. 20, f. 6.   Mexico.
Baudii Seidl., Naturg. Ins. Deutschl. V, 2, p. 52.   Cyprus.
brevicornis Champ., Biol. Centr.-Am., Col. IV, 1,
· p. 426, t. 19, f. 18.   Mexico.
brevipes Champ., l. c. p. 435, t. 20, f. 7.   Id.
canaliculatus Champ., l. c. p. 428.   Id.
castaneus Champ., l. c. p. 434.   Id.
colonoides Champ., l. c. p. 435, t. 20, f. 4.   Centr. America.
convexus Casey, Ann. N. York Acad. VI, p. 106.   Florida, etc.
corticarioides Champ., Biol. Centr.-Am., Col. IV, 1,
   p. 441.   Mexico.
curticollis Casey, Ann. N. York Acad. VI, p. 95.   Iowa.
deplanatus Champ., Biol. Centr.-Am., Col. IV, 1,
   p. 440, t. 20, f. 11 ; Casey, Ann. N. York Acad. VI,
   p. 120.   Mexico and Arizona.
depressus Champ., l. c. p. 435.   Mexico.
difficilis Casey, Ann. N. York Acad. VI, p. 94.   N. York.
discrepans Casey, l. c. p. 98.   California.
discretus Casey, l. c. p. 105.   United States.
dissensus Casey, l. c. p. 109.   Texas.
dorsalis Schwarz, Proc. Am. Phil. Soc. XVII, p. 370 ;
   Casey, Ann. N. York Acad. VI, p. 105.   Florida.
durangoensis Champ., Biol. Centr.-Am., Col. IV, 1,
   p. 426.   Mexico.
emmenastoides Champ., l. c. p. 436.   Centr. America.
exiguus Casey, Ann. N. York Acad. VI, p. 100.   Texas.
Flohri Champ., Biol. Centr.-Am., Col. IV, 1, p. 429,
   t. 19, f. 23.   Mexico.

floridanus Casey, Ann. N. York Acad. VI, p. 116.   Florida.
Forreri Champ., Biol. Centr.-Am., Col. IV, 1, p. 431.   Mexico.
foveiventris Champ., l. c. p. 432, t. 20, ff. 2, 2a.   Guatemala.
fusculus Casey, Ann. N. York Acad. VI, p. 117.   California.
fusicornis Casey, l. c. p. 112.   S. California.
gemellus Casey, l. c. p. 121.   Arizona.
grandicollis Champ., Biol. Centr.-Am., Col. IV, 1,
  p. 429; Casey, Ann. N. York Acad. VI, p. 98.
            U. States and Mexico.
guatemalensis Champ., l. c. p. 439, t. 20, f. 9.   Guatemala.
helvinus Casey, Ann. N. York Acad. VI, p. 101.   Texas.
hispidulus Champ., Biol. Centr.-Am., Col. IV, 1,
  p. 431, t. 20, f. 1.   Mexico.
igualensis Champ., l. c. pp. 434, 566.   Id.
inæqualis Casey, Ann. N. York Acad. VI, p. 114.   Arizona.
indicus Fairm., Ann. Soc. Ent. Belg. 1896, p. 58.   Chamba.
indutus Casey, Ann. N. York Acad. VI, p. 119. S. United States.
infuscatus Casey, l. c. p. 90.   California.
inquilinus Casey, l. c. p. 112.   Id.
intermedius Casey, l. c. p. 102.   Texas.
laticollis Champ., Biol. Centr.-Am., Col. IV, 1,
  pp. 429, 566.   Mexico.
longicollis Champ., l. c. pp. 434, 566, t. 20, f. 3.   Id.
macer Casey, Ann. N. York Acad. VI, p. 118.   California.
maritimus Champ., Biol. Centr.-Am., Col. IV, 1,
  p. 437.   Guatemala.
Melsheimeri Casey, Ann. N. York Acad. VI, p. 92.   Michigan.
nitidipennis Casey, l. c. p. 113.   Arizona.
obesus Casey, l. c. p. 93 (= *pilosus* Melsh., apud
  Casey, op. cit. VII, p. 598).   N. York.
occidentalis Champ., Biol. Centr.-Am., Col. IV, 1,
  p. 425, t. 19, ff. 17, 17a; Casey, Ann. N.-York
  Acad. VI, p. 104.   N. and Centr. America.
oculatus Champ., l. c. p. 427, t. 19, ff. 20, 20a. Centr. America.
pallidus Champ., l. c. p. 439.   Mexico.
parvicollis Champ., l. c. p. 440.   Id.
perforatus Casey, Ann. N. York Acad. VI, p. 95.   U. States.
picipennis Casey, l. c. p. 90.   Michigan.
pini Champ., Biol. Centr.-Am., Col. IV, 1, p. 428,
  t. 19, f. 21.   Guatemala.
planulus Horn, Proc. Calif. Acad. Sci. (2) IV, p. 434. Lower California.
porosicornis Casey, Ann. N. York Acad. VI, p. 101.   Texas.
prolixus Casey, l. c. p. 103.   New Mexico, etc.
rotundicollis Casey, l. c. p. 111.   Arizona.

rufescens Champ., Biol. Centr.-Am., Col. IV, 1, p. 433.   Mexico.
ruficollis Champ., l. c. p. 438, t. 20, f. 8; Casey, Ann.
    N. York Acad. VI, p. 108.   Mexico and Arizona.
segnis Champ., l. c. p. 430.   Mexico.
seriatus Casey, Ann. N. York Acad. VI, p. 109.   Arizona.
similis Champ., Biol. Centr.-Am., Col. IV, 1, p. 432,
    t. 20, ff. 5, 5*a*.   Mexico.
sobrinus Casey, Ann. N. York Acad. VI, p. 115.   Florida.
sordidus Champ., Biol. Centr.-Am., Col. IV, 1, p. 427,
    t. 19, f. 22.   Centr. America.
spinifer Horn, Proc. Calif. Acad. Sci. (2) IV, p. 434. Lower California.
tarsalis Champ., Biol. Centr.-Am., Col. IV, 1, p. 426,
    t. 19, f. 19.   Guatemala.
tenellus Casey, Ann. N. York Acad. VI, p. 115.   Florida.
testaceus Casey, l. c. p. 110.   Arizona.
tibialis Champ., Biol. Centr.-Am., Col. IV, 1, p. 430,
    t. 19, ff. 24, 24*a*.   Guatemala.
torridus Champ., l. c. p. 436.   Mexico.
uniseriatus Casey, Ann. N. York Acad. VI, p. 122.   California.
veterator Lewis, Ann. and Mag. Nat. Hist. (6) XV,
    p. 252.   Japan.
villosus Champ., Biol. Centr.-Am., Col. IV, 1, p. 440,
    t. 20, f. 10.   Mexico.

Diopœnus

Champion, Biol. Centr.-Am., Col. IV, 1, p. 445 (1888).

compressicornis Champ., l. c. p. 445, t. 20, f. 16.   Mexico.

Theatetes

Champion, Biol. Centr.-Am., Col. IV, 1, p. 420 (1888).

basicornis Champ., l. c. p. 420, t. 19, ff. 11, 11*a*.   Mexico.

Menœceus

Champion, Biol. Centr.-Am., Col. IV, 1, p. 443 (1888).

æqualis Champ., l. c. p. 444, t. 20, ff. 15, 15*a*, 15*b*, 15*c*.   Mexico.
crassicornis Champ., l. c. p. 444, t. 20, ff. 14, 14*a*. Centr. America.
texanus Champ., l. c. p. 444, nota.   Texas.

Polyidus

Champion, Biol. Centr.-Am., Col. IV, 1, p. 441 (1888).

meridionalis Champ., l. c. p. 442, t. 20, ff. 13, 13*a*, 13*b*,
   13*c*.   Centr. America.

Menes
Champion, Biol. Centr.-Am., Col IV, 1, p. 442 (1888).

meridanus Champ., l. c. p. 442, t. 20, f. 12.　　　　Yucatan.
rotundatus Champ., l. c. p. 443.　　　　　　　　　Mexico.

Pitholaus
Champion, Biol. Centr.-Am., Col. IV, 1, p. 446 (1888).

helopioides Champ., l. c. p. 446, t. 20, ff. 17, 17*a*,
　17*b*.　　　　　　　　　　　　　　　　　Guatemala.

Phedius
Champion, Biol. Centr.-Am., Col. IV, 1, p. 447 (1888).

carbonarius Champ., l. c. p. 448, t. 20, f. 19.　　　Mexico.
Chevrolati Champ., l. c. p. 447, t. 20, f. 18.　　　　Id.
cylindricollis Champ., l. c. p. 449, t. 20, f. 20.　　　Id.
funestus Champ., l. c. p. 450.　　　　　　　　　Id.
hidalgoensis Champ . l. c. p. 448.　　　　　　　Id.
hirtus Champ., l. c. p. 568, t. 23, f. 26.　　　　　Id.
lapidicola Champ., l. c. p. 568.　　　　　　　　Id.
mexicanus Champ., l. c. p. 450.　　　　　　　　Id.
obovatus Champ., l. c. p. 449.　　　　　　　　Id.
opaculus Horn, Proc. Calif. Acad. Sci. (2) IV, p. 431. Lower Colifornia.

Telesicles
Champion, Biol. Centr.-Am., Col. IV, 1, p. 450 (1888).

cordatus Champ., l. c. p. 451, t. 20, f. 21; Casey,
　Ann. N. York Acad. VI, p. 124.　　　　Mexico and Texas.

Tedinus
Casey, Ann. N. York Acad. VI, p. 153 (1891).

angustus Casey, l. c. p. 154.　　　　　　　　　Georgia.

Æanes
Champion, Biol. Centr.-Am., Col. IV, 1, p. 566 (1893).

angusticollis Champ., l. c. p. 567, t. 23, f. 20.　　　Mexico.

Amaropsis
Champion, Biol. Centr.-Am., Col. IV, 1, p. 566 (1893).

annulicornis Champ., l. c. p. 567, t. 23, f. 18.　　　Mexico.

Cisteloida
Fairmaire, Notes Leyd. Mus. IV, p. 256 (1882).

castanescens Fairm., l. c. p. 256.　　　　　　　Sumatra.

Prionychus Solier.

asiaticus Fairm., Ann. Soc. Ent. Belg. 1892, p. 151
  (Eryx).   Syria.
bispilosus Desbr., Bull. Acad. d'Hippone 1884, p. 169
  (Isomira).   Algeria.
cisteloides Seidl., Naturg. Ins. Deutschl. V, 2,
  p. 60.   Beirut and Cyprus.
Delagrangei Fairm., Ann. Soc. Ent. Belg. 1892,
  p. 150 *(Gonodera)*.   Syria.

Hymenalia Mulsant.

basalis Faust, Horæ. Ent. Ross. XII, p. 322 *(Allecula)*.   Caucasus.
castaneipennis Fairm., Ann. Soc. Ent. Fr. 1884,
  p. 172.   Akbès.
græca Seidl., Naturg. Ins. Deutschl. V, 2, pp. 75, 80.   Greece, etc.
reticulata Seidl., l. c. p. 77   Mesopotamia.
rufipennis Mars., Ann. Soc. Ent. Fr. 1876, p. 328
  (Gonodera); Seidl., l. c. p. 76.   Japan.

Gonodera Mulsant (1).

atronitens Fairm., Ann. Soc. Ent. Belg. 1892, p. 151.   Syria.
bicolor Reitt., Deutsche Ent. Zeit. 1884, p. 89.   Greece.
corinthia Fairm., Ann. Soc. Ent. Fr. 1884, p. 172.   Akbès.
luperoides Reitt., Wien. Ent. Zeit. 1895, p. 83.   Id.
macrophthalma Reitt., Deutsche Ent. Zeit. 1884,
  p. 89.   Caucasus.

Copistethus

Seidlitz, Fauna Baltica, ed. 2, p. 524 (1891); Naturg. Ins.
Deutschl. V, 2, p. 85.

spadix Kiesenw., Gemm. et Harold, Cat. VII, p. 2049.

Cistela (Fabr.), Gemm. et Harold.
Pseudocistela Crotch, Check-list Col. N. Am., p. 108 (1873).

adusta Fåhr., Öfv. Vet.-Ak. Förh. XXVII, p. 324.   Caffraria.
æreonitens Quedenf., Berl. Ent. Zeit. 1885, p. 37.   Quango.
affinis Fåhr., Öfv. Vet.-Ak. Förh. XXVII, p. 323.   Caffraria.
alternans Champ., Biol. Centr.-Am., Col. IV, 1,
  p. 456, t. 21, f. 1.   Mexico.

---

(1) *Eubœus viridis* Allard, included in my list of the Tenebrionidæ (Mém.
Soc. Ent. Belg. III, p. 226), is a *Gonodera* and = *G. pulcherrima* Fald.
  The genus *Gerandryus* Rottenb. (= *Parablops* Rottenb.), l. c. p. 227, also
belongs to the family Cistelidæ.

alternata Fairm., Col. Novit. Oberth. I, p. 78. Madagascar.
australica Blackb., Proc. Linn. Soc. N. S. W. (2) III,
  p. 1443. S. Australia.
brevior Fairm., Bull. Soc. Ent. Fr. 1875, p. XLI (*Plesia*). Madagascar.
brunnea C. O. Waterh., Ann. and Mag. Nat. Hist. (4)
  XVIII, p. 118. Rodriguez I.
caffra Fåhr., Öfv. Vet.-Ak. Förh. XXVII, p. 322. Caffraria.
calida Champ., Biol. Centr.-Am., Col. IV, 1, p. 453. Panama.
capitata Müll., Tijdschr. voor Ent. XXX, p. 307. Zambesi.
ceramboides Linn., var. *ruficollis* Schilsky, Deutsche
  Ent. Zeit. 1890, p. 190. Siebenbürgen.
chiriquensis Champ., Biol. Centr.-Am., Col. IV, 1,
  p. 454, t. 20, ff. 24, 24*a*. Panama.
cinerascens Champ., l. c. p. 453. Mexico.
conicicollis Fairm., Ann. Soc. Ent. Belg. 1895, p. 450. Madagascar.
convexa Macl., Trans. Ent. Soc. N. S. W. II, p. 303. Gayndah.
convexiuscula Fairm., Bull. Soc. Ent. Fr. 1875, p. XLI
  (*Plesia*). Madagascar.
crassicornis Sharp, Trans. R. Dubl. Soc. (2) III,
  p. 168, t. 4, f. 25. Oahu.
decepta Champ., Biol. Centr.-Am., Col. IV, 1, p. 454,
  t. 20, f. 23. Panama.
delitescens Champ., l. c. p. 455, t. 20, ff. 25, 25*a*. Guatemala.
densepunctata Fairm., Notes Leyd. Mus. V, p. 38. Saleyer.
elliptica Fairm., Compt. rend. Soc. Ent. Belg. 1891,
  p. CCXIV. Moupin.
flavida Fairm., Ann. Soc. Ent. Belg. 1892, p. 150. Syria.
forticornis Fairm., l. c. p. 150. Id.
fragilicornis Champ., Biol. Centr.-Am., Col. IV, 1,
  p. 457, t. 21, f. 2. Guatemala.
funesta Fåhr., Öfv. Vet.-Ak. Förh. XXVII, p. 324. Caffraria.
fusciventris Fairm., Rev. d'Ent. XI, p. 115. Abyssinia.
Haagi Harold, Deutsche Ent. Zeit. 1878, p. 80 (*Pseudocistela*); Lewis, Ann. and Mag. Nat. Hist. (6) XV,
  p. 252. Japan.
impressicollis Chevr., Ann. Soc. Ent. Fr. 1873, p. 205. Syria.
impressiuscula Fairm., Le Natur. V, p. 206 (1883);
  Ann. Soc. Ent. Fr. 1873, p. 103. Abyssinia.
juquilæ Champ., Biol. Centr.-Am., Col. IV, 1, p. 456. Mexico.
maculicornis Fairm., Ann. Soc. Ent. Fr. 1878, p. 121. Centr. China.
nigricornis Champ., Biol. Centr.-Am., Col. IV, 1,
  p. 452, t. 20, ff. 22, 22*a*. Centr. America.
occulta Champ., l. c. p. 455, t. 20, ff. 26, 26*a*. Guatemala.
orchesioides Fairm., Ann. Soc. Ent. Fr. 1893, p. 35. Indo-China.

ovata Macl., Trans. Ent. Soc. N. S. W. II, p. 303.   Gayndah.
ovipennis Champ., Biol. Centr.-Am., Col. IV, 1,
   p. 569, t. 23, f. 19.   Mexico.
pachymorpha Fairm., Ann. Soc. Ent. Belg. 1895,
   p. 449.   Madagascar.
piceocastanea Fairm., Ann. Soc. Ent. Belg. 1893,
   p. 30.   Shoa.
polita Macl., Trans. Ent. Soc. N. S. W. II, p. 304.   Gayndah.
scioana Gestro, Ann. Mus. Genova XVI, p. 204;
   Fairm., Ann. Soc. Ent. Belg. 1893, p. 31.   Shoa.
Theveneti Horn, Trans. Am. Ent. Soc. V, p. 156;
   Casey, Ann. N. York Acad. VI, p. 164.   California.
ustiventris Fairm., Ann. Soc. Ent. Fr. 1878, p, 122.   Centr. China.
vittata Fåhr., Öfv. Vet.-Ak. Förh. XXVII, p. 323.   Caffraria.
vittula Fairm., Col. Novit. Oberth. I, p. 78.   Madagascar.
zunilensis Champ., Biol. Centr.-Am., Col. IV, 1,
   p. 452.   Guatemala.

Isomira Muls.

antennalis Reitt., Verh. Ver. Brünn XXII, p. 9;
   Radde, Faun. Casp., p. 229 (1886).   Caucasus.
antennata Panz., var. *tristicula* Reitt., Deutsche Ent.
   Zeit. 1890, p. 293.   Greece.
atriceps Reitt., Wien. Ent. Zeit. XV, p. 75 (1896).   Caucasus.
avula Seidl., Naturg. Ins. Deutschl. V, 2, pp. 102, 107.   Borussia.
brevicollis Champ., Biol. Centr.-Am., Col. IV, 1,
   p. 459.   Mexico.
caucasica Reitt., Deutsche Ent. Zeit. 1890, p. 394.   Caucasus.
discolor Casey, Ann. N. York Acad. VI, p. 145.   California.
evanescens Champ., Biol. Centr.-Am., Col. IV, 1,
   p. 458.   Guatemala.
genistæ Rottenb., Berl. Ent. Zeit. 1870, p. 256, t. 2,
   f. 4 (= *murina* Linn., var.).   Sicily.
granifera Kiesenw., Verh. Ver. Brünn XVI, p. 245.   Caucasus.
intrusa Seidl., Naturg. Ins. Deutschl. V, 2, pp. 105,
   107.   Id.
iowensis Casey, Ann. N. York Acad. VI, p. 145.   Iowa.
luscitiosa Casey, l. c. p. 148.   California.
monticola Casey, l. c. p. 150.   Id.
nitida Reitt., Deutsche Ent. Zeit. 1890, p. 394.   Crete.
oblongula Casey, Ann. N. York Acad. VI, p. 151.   New York.
obsoleta Champ., Biol. Centr.-Am., Col. IV, 1, p. 457,
   t. 21, f. 3.   Centr. America.

oculata Mars., Ann. Soc. Ent. Fr. 1876, p. 327
    (*Cistela*).   Japan.
Œrtzeni Reitt., Deutsche Ent. Zeit. 1889, p. 257.   Greece.
ophthalmica Seidl., Naturg. Ins. Deutschl. V, 2,
    pp. 103, 107.   Centr. Asia.
parvula Rottenb., Berl. Ent. Zeit. 1870, p. 257, nota,
    t. 2, f. 5 (= *ochropus* Küst.).   Naples.
paupercula Baudi, Nat. Sicil. III, p. 3 (1883).   Sicily.
ruficollis Hamilt., Canad. Ent. XXV, p. 308.   Allegheny.
scutellaris Baudi, Deutsche Ent. Zeit. 1877, p. 388;
    Atti Ac. Torino XII, p. 582 (*Cistela*).   Piedmont.
subœnea Champ., Biol. Centr.-Am., Col. IV,1, p. 458,
    t. 21, f. 4.   Guatemala.
tenebrosa Casey, Ann. N. York Acad. VI, p. 146.   New York.
testacea Seidl., Naturg. Ins. Deutschl. V, 2, pp. 106,
    121.   Dalmatia.
texana Casey, Ann. N. York Acad. VI, p. 153.   Texas.
valida Schwarz, Proc. Am. Phil. Soc. XVII, p. 370;
    Casey, Ann. N. York Acad. VI, p. 152.   Florida.
variabilis Horn, Trans. Am. Ent. Soc. V, p. 156
    (*Cistela*) (1875); Casey, l. c. p. 147.   California.

Cistelopsis
Fairmaire, Ann. Soc. Ent. Belg. 1896, p. 39.

rufina Fairm., l. c. p. 39.   Belgaum.
validicornis Fairm., l. c. p. 40.   Id.

Caulostena
Fairmaire, Ann. Soc. Ent. Belg. 1896, p. 355 (1).

foveicollis Fairm., l. c. p. 355.   Diego-Suarez.

Homoropsis
Fairmaire, Ann. Soc. Ent. Fr. 1885, p. 450 (sine descr.).

ustulata Fairm., l. c. p. 450.   Obock.

Mycetochara Berthold.
(*Mycetophila* Gemm. et Harold.)
[Subgen. *Pterna* Seidlitz, Naturg. Ins. Deutschl. V, 2, p. 132 (1896)]

analis Lec., Proc. Am. Phil. Soc. XVII, p. 618;
    Casey, Ann. N. York Acad. VI, p. 137.   Detroit.

---

(1) This genus is compared with *Mycetochares* by its describer, but he does not
state whether it belongs to the Cistelidæ.

auricoma Reitt., Deutsche Ent. Zeit. 1884, p. 249
    (subg. *Ernocharis*); Seidl. Naturg. Ins. Deutschl.
    V, 2, p. 137) subg. *Pterna*).   Sarepta.

bipustulata Ill., var. *croceipes* Weise, Verh. zool.-bot.
    Ges. Wien XXIX, p. 478 (= *gracilis* Fald.).   Caucasus.

Brenskei Seidl., Naturg. Ins. Deutschl. V, 2, p. 136
    (subg. *Ernocharis*).   Greece.

collina Lewis, Ann. and. Mag. Nat. Hist. (6) XV,
    p. 253.   Japan.

crassulipes Casey, Ann. N. York Acad. VI, p. 142.   California.

excelsa Reitt., Deutsche Ent. Zeit. 1884, p. 246 (subg.
    Ernocharis).   Caucasus.

flavicornis Mill., Verh. zool.-bot. Ges. Wien XXXIII,
    p. 265 (1883).   Parnassus.

gilvipes Casey, Ann. N. York Acad. VI, p. 131.   N. Carolina.

gracilis Lec., Proc. Am. Phil. Soc. XVII, p. 615
    (nomen præocc.); Casey, Ann. N. York Acad. VI,
    p. 133.   Lake Superior.

grandicollis Fairm., Ann. Soc. Ent. Belg. 1892, p. 149.   Syria.

Koltzei Reitt., Wien. Ent. Zeit. XV, p. 75 (1896)
    (subg. *Ernocharis*); Seidl., Naturg. Ins. Deutschl.
    V, 2, p. 134.   E. Siberia.

laticollis Lec., Proc. Am. Phil. Soc. XVII, p. 617
    (= *fraterna* Say, apud Casey, Ann. N. York Acad.
    VI, p. 128).   Pennsylvania.

laticornis Reitt., Deutsche Ent. Zeit. 1884, p. 249
    (subg. *Ernocharis*); Seidl., Naturg. Ins. Deutschl.
    V, 2, p. 136.   Lebanon.

linearïs Ill., var. *dalmatina* Baudi, Atti Accad.
    Torino XII, p. 588.   Dalmatia.
     Var. *pygmœa* (Redt.) Reitt., Deutsche Ent.
    Zeit. 1884, p. 247.   Austria.

longior Fairm., Ann. Soc. Ent. Belg. 1892, p. 149.   Syria.

longipennis Casey, Ann. N. York Acad. VI, p. 139.   California.

longula Lec., Proc. Am. Phil. Soc. XVII, p. 618;
    Casey, Ann. N. York Acad. VI, p. 136.   Detroit.

lugubris Lec., l. c. p. 618; Casey, l. c. p. 138.   Id.

marginata Lec., l. c. p. 618; Casey, l. c. p. 134.   Lake Superior.

megalops Casey, Ann. N. York Acad. VI, p. 129.   (?) Indiana.

mimica Lewis, Ann. and Mag. Nat. Hist. (6) XV,
    p. 253.   Japan.

nevadensis Casey, Ann. N. York Acad. VI, p. 142.   Nevada.

nigerrima Casey, l. c. p. 132.   New York.

ocularis Reitt., Deutsche Ent. Zeit. 1884, p. 245
(subg. *Ernocharis*).   Caucasus.

pacifica Casey, Ann. N. York Acad. VI, p. 139.   California.

procera Casey, l. c. p. 140.   Idaho, etc.

pubipennis Lec., Proc. Am. Phil. Soc. XVII, p. 617;
Casey, l. c. p. 141.   California.

quadrimaculata Latr., var. *Schwarzi* Reitt., Deutsche
Ent. Zeit. 1888, p. 431.   Corfu.

Retowskyi Reitt., Deutsche Ent. Zeit. 1889, p. 373
(subg. *Ernocharis*); Seidl., Naturg. Ins. Deutschl.
V, 2, p. 137 (subg. *Pterna*).   Crimea.

ruficollis Baudi, Deutsche Ent. Zeit. 1877, p. 391 ;
Atti Accad. Torino XII, p. 589.   Syria.

scutellaris Lewis, Ann. and Mag. Nat. Hist. (6) XV,
p. 253.   Japan.

Straussi Seidl., Naturg. Ins. Deutschl. V, 2, pp. 135,
166 (subg. *Ernocharis*).   Koralp.

sulcipennis Reitt., Wien. Ent. Zeit. XV, p. 76, nota
(1896) (subg. *Ernocharis*); Seidl., Naturg. Ins.
Deutschl. V, 2, p. 133.   Hungary.

Zolotareffi Reitt., l. c. p. 76 (subg. *Ernocharis*); Seidl.,
l. c. p. 136 (subg. *Ernocharis*).   Asia Minor.

Cistelomorpha Redt.

alternans Fairm., Ann. Soc. Ent. Belg. 1894, p. 40.   Kurseong.

Andrewesi Fairm., Ann. Soc. Ent. Belg. 1896, p. 58.   Chamba.

annuligera Fairm., Notes Leyd. Mus. XVIII, p. 118.   Simla.

apicipalpis Fairm., Ann. Soc. Ent. Fr. 1889, p. 47;
Compt. rend. Soc. Ent. Belg. 1891, p. xxi
(Cteniopus); Ann. Soc. Ent. Belg. 1893, p. 323.   Moupin, etc.

axillaris Fairm., Ann. Soc. Ent. Belg. 1894, p. 28
(January).   Barway, Bengal.

    Var. *fuscolineata* Fairm., l. c. p. 29.

      nigrolineata Allard, Le Nat. 1894, p. 153
(July).   Madura.

calida Allard, Le Nat. 1894, p. 153.   Id.

    Var. *nigromaculata* Allard, l. c. p. 153.

    Var. *nigropicta* Allard, l. c. p. 153.

densestriata Fairm., Notes Leyd. Mus. XVIII, p. 119.   Sikkim.

flavovirens Fairm., Ann. Soc. Ent. Belg. 1894,
p. 29.   Konbir, Bengal.

humeralis Allard, Le Nat. 1894, p. 153; Fairm.,
Ann. Soc. Ent. Belg. 1896, p. 40.   Madura.

irregularis Fairm., Ann. Soc. Ent. Belg. 1894, p. 44.　　Java.

melanopyga Fairm., Ann. Soc. Ent. Belg. 1893,
　p. 322.　　Tonkin.

nigrotibialis Fairm., Ann. Soc. Ent. Belg. 1893,
　p. 301.　　Lang-song.

piceiventris Fairm., l. c. p. 301.　　Id.

Renardi Fairm., Ann. Soc. Ent. Belg. 1894, p. 29.　Barway, Bengal.

rufina Fairm., op. cit. 1893, p. 322.　　Tonkin.

sanguinosa Fairm., op. cit. 1893, p. 322.　　Id.

simillima Fairm., Compt. rend. Soc. Ent. Belg. 1891,
　p. XXI *(Cteniopus);* Ann. Soc. Ent. Belg. 1893, p. 23.　Chang-Yang.

subcostulata Fairm., Ann. Soc. Ent. Belg. 1894, p. 40.　　India?

trabeata Fairm., op. cit. 1894, p. 29.　　Bengal.

Labetis
C. O. Waterhouse, Ent. Monthly Mag. XV, p. 267 (1879).

tibialis C. O. Waterh., l. c. p. 267; Blackb., Trans.
　R. Dubl. Soc. (2) III, p. 167.　　Honolulu.

Andrimus
Casey, Ann. N. York Acad. VI, p. 155 (1891).

brunneus Casey, l. c. p. 157.　　Florida.

concolor Casey, l. c. p. 158.　　Georgia.

convergens Casey, l. c. p. 159.　　New York.

Murrayi Lec., Gemm. et Harold, Cat. VII, p. 2052
　(Cteniopus).

nigrescens Casey, Ann. N. York Acad. VI, p. 159.　　Florida.

Podonta Muls.
Seidlitz, Naturg. Ins. Deutschl. V, 2, p. 179.

ambigua Kiesenw., Berl. Ent. Zeit. 1873, p. 11.　　Magnesia.

atrata Kiesenw., l. c. p. 15.　　Turkey.

biformis Reitt., Deutsche Ent. Zeit. 1889, p. 374.　　Erzeroum.

brevicornis Seidl., Naturg. Ins. Deutschl. V, 2,
　pp. 184, 189.　　Gallipoli.

carbonaria Kiesenw., Berl. Ent. Zeit. 1873, p. 16.　Mesopotamia.
　　podontoides Reitt., Deutsche Ent. Zeit.
　1890, p. 35 *(Omophlus).*　　Persia.

corvina Kiesenw., Berl. Ent. Zeit. 1873, p. 21.　　Salonica.

daghestanica Reitt., Deutsche Ent. Zeit. 1885, p. 383.　　Caucasus.

dalmatina Baudi, Deutsche Ent. Zeit. 1877, p. 395;
　Atti Accad. Torino XII, p. 597.　　Dalmatia.

elongata Ménétr., Cat. Rais., p. 205 *(Cistela);* Faust,
　Horæ Ent. Ross. XII, p. 317 *(Megischia).*　　Caucasus.

frater Seidl., Naturg. Ins. Deutschl. V, 2, pp. 185, 190.   Asia Minor.
grœca Seidl., Naturg. Ins. Deutschl. V, 2, pp. 185, 190.   Greece.
Heydeni Kiesenw., Berl. Ent. Zeit., 1873, p. 19.   Asia Minor.
italica Baudi, Deutsche Ent. Zeit. 1877, p. 397; Atti
    Accad. Torino XII, p. 599.   Centr. Italy.
Korbi Seidl., Naturg. Ins. Deutschl. V, 2, pp. 187, 190.   Tarsus.
Milleri Kiesenw., Deutsche Ent. Zeit. 1873, p. 19
    (? = *convexicollis* Küst.).   Cephalonia.
morio Kiesenw., l. c. p. 21 (? = *convexicollis* Küst.).   Mt. Olympus.
patagiata Seidl., Naturg. Ins. Deutschl. V, 2,
    pp. 186, 190.   Amasia.
simplex Seidl., l. c. pp. 185, 190.   Eubœa.
soror Seidl., l. c. pp. 185, 189.   Angora.
turcica Kiesenw., Berl. Ent. Zeit. 1873, p. 14.   Asiat. Turkey.

Cistelina

Seidlitz, Naturg. Ins. Deutschl. V, 2, p. 195 (1896).

Davidis Fairm., Ann. Soc. Ent. Fr. 1878, p. 123 (*Cistela*).   Centr. China.
sulphurea Seidl., Naturg. Ins. Deutschl. V, 2, p. 196.   China.

Podontinus

Seidliz, Naturg. Ins. Deutschl. V, 2, p. 197 (1896).

punctatissimus Kiesenw., Gemm. et Harold, Cat. VII,
    p. 2052 (*Podonta*).

Omophlina

Reitter, Deutsche Ent. Zeit. 1890, p. 34;

Seidlitz, Naturg. Ins. Deutschl. V, 2, p. 198.

alpina Muls., Gemm. et Harold, Cat. VII, p. 2051
    (*Podonta*).
arcuata Gebl., Gemm. et Harold, Cat. VII, p. 2053
    (*Omophlus*).
    Heydeni Reitt., Deutsche Ent. Zeit. 1890, p. 35
        (*Omophlus*).   Namangan.
corva Solsky, Troudy Ent. Ross. XII, p. 253 (*Omo-
    phlus*).   Sarafschan.
Hauseri Reitt., Deutsche Ent. Zeit. 1894, p. 50.   Buchara.
hirtipennis Solsky, Troudy Ent. Ross. XII, p. 251
    (*Podonta*).   Kisil-Kum.
    pubifer Reitt., Deutsche Ent. Zeit. 1890, p. 35.   Turkestan.
    tenuis Kraatz, Deutsche Ent. Zeit. 1882, p. 114
        (*Podonta*).   Margelan.
Willbergi Reitt., Wien. Ent. Zeit. XI, p. 135.   Id.

Cteniopinus

Seidlitz, Naturg. Ins. Deutschl. V, 2, p. 200 (1896).

altaicus Gebl., Gemm. et Harold, Cat. VII, p. 2052
  (*Cteniopus*).
coreanus Seidl., Naturg. Ins. Deutschl. V, 2, pp. 202,
  203 (*koreanus*). Corea.
hypocrita Mars., Ann. Soc. Ent. Fr. 1876, p. 329
  (*Cteniopus*) Japan and China.
    Potanini Heyden, Horæ Ent. Ross. XXIII, p. 677
      (*Cteniopus*). China.
Koltzei Heyden, Deutsche Ent. Zeit. 1884, p. 295
  (*Cteniopus*). Askol.
varicolor Heyden, Horæ Ent. Ross. XXIII, p. 676
  (*Cteniopus*). China.

Proctenius

Reitter, Wien. Ent. Zeit. IX, p. 256 (1890); Seidlitz, Naturg. Ins.
Deutschl. V, 2, p. 203.

Subg. *Steneryx*, Reitter, l. c., p. 256.

chamæleon Reitt., Wien. Ent. Zeit. XIII, p. 305. Spain.
Dejeani Fald., Gemm. et Harold, Cat. VII, p. 2052
  (*Cteniopus*) (subg. *Steneryx*).
granatensis Rosenh., Gemm. et Harold, Cat. VII,
  p. 2052 (*Cteniopus*).
Hauseri Seidl., Naturg. Ins. Deutschl. V, 2, p. 205
  (subg. *Steneryx*). Centr. Asia.
luteus Küst., Gemm. et Harold, Cat. VII, p. 2052
  (*Cteniopus*).

Balassogloa (1)

Semenow, Horæ Ent. Ross. XXV, p. 372 (1891).

minor Semen, l. c. p. 373. Transcaspia.
sphenariodes Semen. l. c., p. 372. Turkestan.

Hypocistela

F. Bates, Cist. Ent. II, p. 482 (1872); Second Yark Miss., Col., p. 76.

tenuipes F. Bates, l. c. p. 483; l. c. p. 77, t. 21, f. 20. Kogyar.

Cteniopus Solier.

crassus Fairm., Ann. Soc. Ent. Belg. 1892, p. 152. Syria.
gibbosus Baudi, Deutsche Ent. Zeit. 1877, p. 394;
  Atti Accad. Torino, XII, p. 594. Beirut.

---

(1) Probably belongs to Tenebrionidæ.

gracillimus Fairm., Notes Leyd. Mus. X, p. 268. Congo.
impressicollis Fairm., Ann. Soc. Ent. Belg. 1892, p. 152. Syria.
intermedius Fairm., Bull. Soc. Ent. Fr. 1895, p. cx. Akbès.
intrusus Seidl., Naturg. Ins. Deutschl. V. 2, p. 210. Karamania, etc.
melanocera Fairm., Notes Leyd. Mus. IV, p. 255. Sumatra.
neapolitanus Baudi, Deutsche Ent. Zeit. 1877, p. 393;
    Atti Accad. Torino XII, p. 592. Italy.
nigrifrons Fairm., Bull. Soc. Ent. Fr. 1895, p. cxi. Akbès.
persimilis Reitt., Wien. Ent. Zeit. XI, p. 258. Ordubad.
punctatissimus Baudi, Deutsche Ent. Zeit. 1877,
    p. 395; Atti Accad. Torino XII, p. 595. Greece.
      græcus Heyden, Deutsche Ent. Zeit. 1883, p. 312;
        Reitt., Wien. Ent. Zeit. IV, p. 273.
pygialis Fairm., Notes Leyd. Mus. IV, p. 255. Sumatra.
varicolor Heyden, Horæ Ent. Ross. XXIII, p. 676. China.

Heliostrhæma

Reitter, Deutsche Ent. Zeit. 1890, p. 34 *(Heliosthræma)*; Seidlitz,
    Naturg. Ins. Deutschl. V, 2, p. 223.

griseolineata Reitt., Deutsche Ent. Zeit. 1890, p. 36. Marocco.
Rolphi Fairm., Gemm. et Harold, Cat. VII, p. 2054
(Omophlus).

Heliotaurus Muls.

Subg. *Gasthræma* Jacq. Duv.; Seidlitz, Naturg. Ins. Deutschl.,
    V, 2, p. 224.

analis Desbr., Bull. Acad. Hippone 1881, p. 137. Algeria.
Brisouti Bedel, Ann. Mus. Genova (2) X, p. 794;
    L'Abeille XXVIII, pp. 161, 166. Id.
Chobauti Bedel, L'Abeille XXVIII, pp. 161, 169. N. Africa.
confusus Reitt., Deutsche Ent. Zeit. 1890, p. 40. Algeria.
corallinus Reitt., l. c. p. 51. Tripoli.
crassicornis Desbr., Bull. Acad. Hippone 1881,
    p. 135 *(Megischia)* (= *nigripennis* Fabr., var.). Batna.
crassidactylus Seidl., Naturg. Ins. Deutschl. V, 2,
    p. 228. Portugal and Spain.
distinctus Cast., var. *variiventris* Desbr., Bull. Acad.
    Hippone 1881, p. 136. Algeria.
Doriæ Bedel, Ann. Mus. Genova (2) X, p. 795;
    L'Abeille XXVIII, pp. 161, 168. Tunis.
gastrhæmoides Reitt., Deutsche Ent. Zeit. 1890, p. 52
    (gasthræmoides). Marocco.
Goedeli Reitt., l. c. p. 38. Syria.
gracilior Fairm., Ann. Soc. Ent. Fr. 1870, p. 394. Géryville.

Grilati Muls. et Godart, Ann. Soc. Linn. Lyon n. s.
  XXII, p. 255 (= *Reichei* Muls.).   Algeria.
janthinus Raffr., Rev. et Mag. Zool. 1873, p. 378
  (subg. *Gasthræma*).   Boghari.
maculicollis Desbr., Bull. Acad. Hippone 1881, p. 90
  (= *ruficollis* Fabr., var.).   Portugal.
Martini Bedel, L'Abeille XXVIII, pp. 160, 164
  (Omophlus).   N. Africa.
menticornis Reitt., Berl. Ent. Zeit. 1872, p. 172
  (Omophlus).   Oran.
        anthracinus Fairm., Ann. Mus. Genova VII,
          p. 530, nota (1875).   Batna.
        ciliatus Reitt., Deutsche Ent. Zeit. 1890, p. 37
          (1890).   Algeria.
Oberthuri Reitt., Deutsche Ent. Zeit. 1890, p. 38
  (= *angusticollis* Muls., var.).   Algeria.
oranensis Reitt., Berl. Ent. Zeit. 1872, p. 173 (*Omophlus*) (= *Reichei* Muls.).   Oran.
parvicollis Reitt., Deutsche Ent. Zeit. 1890, p. 52.   Marocco.
punctatosulcatus Fairm., Ann. Soc. Ent. Fr. 1879,
  p. 242 (= *ruficollis*, var.).   Sierra Morena.
Quedenfeldti Reitt., Deutsche Ent. Zeit. 1890, p. 52.   Marocco.
rufithorax Reitt., l. c. p. 36; Seidl., Naturg. Ins.
  Deutschl. V, 2, p. 228.   Marocco and Andalusia.
subpilosus Seidl., Naturg. Ins. Deutschl. V, 2, p. 232.   Tunis.
tenuipes Seidl., l. c. p. 229.   Andalusia or Marocco.
Tournieri Pic, Echange, Rev. Linn. 1896, p. 61,
  (= monstrosity of *H. ruficollis* or *H. ruficollis*,
  apud Seidl., Naturg. Ins. Deutschl. V, 2, p. 228,
  nota).
tuniseus Fairm., Ann. Mus. Genova VII, p. 529.   Tunis.

Omophlus Solier
Subg. *Odontomophlus* Seidlitz, Naturg. Ins. Deutschl.
V, 2, p. 240 (1896).

adaliæ Reitt., Deutsche Ent. Zeit. 1890, p. 41.   Asia Minor.
agrapha Reitt., l. c. p. 42.   Greece.
armillatus Brullé, var. *epipleuralis* Seidl., Naturg.
  Ins. Deutschl. V, 2, p. 241.   Dalmatia, etc.
basicornis Reitt., Deutsche Ent. Zeit. 1890, p. 48.   Syria.
Baudueri Baudi, Deutsche Ent. Zeit. 1877, p. 401;
  Atti Accad. Torino XII, p. 606.   Id.
compressus Seidl., Naturg. Ins. Deutschl. V, 2,
  pp. 245, 263 (subg. *Odontomophlus*).   Greece.

coriaceus Seidl., l. c. pp. 254, 264. Caspian shore.

cribricollis Fairm., Ann. Soc. Ent. Belg. 1892, p. 153. Syria.

crinifer Seidl., Naturg. Ins. Deutschl. V, 2, pp. 243, 263 (subg. *Odontomophlus*). Centr. Asia.

curtellus Seidl., l. c. pp. 261, 265. Syria.

curtulus Reitt., Deutsche Ent. Zeit. 1890, p. 42; Seidl., Naturg. Ins. Deutschl. V, 2. p. 262. Caucasus.

dasytoides Fairm., Ann. Soc. Ent. Fr. 1870, p. 395 (*Heliotaurus*). Boghari.

densepunctatus Fairm., Ann. Soc. Ent. Belg. 1892, p. 153. Syria.

Emgei Reitt., Wien. Ent. Zeit. X, p. 199. Salonica.

excavatus Seidl., Naturg. Ins. Deutschl. V, 2, pp. 260, 265. Persia.

fallaciosus Rottenb., Berl. Ent. Zeit. 1870, p. 258. Sicily.

forficula Seidl., Naturg. Ins. Deutschl. V, 2, pp. 242, 263 (subg. *Odontomophlus*). Asia Minor.

foveicollis Fairm., Ann. Soc. Ent. Belg. 1892, p. 153. Syria.

foveola Seidl., Naturg. Ins. Deutschl. V, 2, pp. 248, 264 (subg. *Odontomophlus*). Greece.

furca Seidl., l. c. pp. 245, 264 (subg. *Odontomophlus*). Syria.

furcula Seidl., l. c. pp. 245, 264 (subg. *Odontomophlus*). Amasia.

Ganglbaueri Reitt., Deutsche Ent. Zeit. 1890, p. 51. Persia.

gracilior Fairm., Ann. Soc. Ent. Fr. 1870, p. 394 (*Heliotaurus*) (? = *scabriusculus* Fairm.). Géryville.

hirsutus Seidl., Naturg. Ins. Deutschl. V, 2, pp. 251, 264 (subg. *Odontomophlus*). Aintab.

hirtipennis Seidl., l. c. pp. 259, 265. Taurus.

hirtus Seidl., l. c. pp. 263, 265. Crete and Sicily.

irrasus Seidl., l. c. pp. 260, 265. (?) Asia Minor.

Kirschi Reitt., Berl. Ent. Zeit. 1872, p. 174 (= *scabriusculus* Fairm.). Oran.

laciniatus Seidl., Naturg. Ins. Deutschl. V, 2, pp. 244, 263 (subg. *Odontomophlus*). Asia Minor.

lævigatus Seidl., l. c. pp. 257, 265. Armenia.

latipleuris Reitt., Deutsche Ent. Zeit. 1890, p. 47. Erzeroum.

luciolus Seidl., Naturg. Ins. Deutschl. V, 2, pp. 250, 264 (subg. *Odontomophlus*). Caucasus.

melitensis Baudi, Deutsche Ent. Zeit. 1877, p. 400; Atti Accad. Torino XII, p. 607. Malta.

    Championis Reitt., Wien. Ent. Zeit. X, p. 260.

Nasreddini Reitt., Deutsche Ent. Zeit. 1890, p. 51. Persia.

nigrinus Reitt., op. cit. 1889, p. 257.   Greece.
nitidicollis Seidl.,Naturg.Ins. Deutschl. V, 2, pp. 261,
   265.   Persia.
obscurus Reitt., Deutsche Ent. Zeit. 1890, p. 46.   Araxes Valley.
pallitarsis Reitt., Deutsche Ent. Zeit. 1890, p. 50;
   Seidl., Naturg. Ins. Deutschl. V, 2, p. 255.   Caucasus.
pilicollis Ménétr., var. *filitarsis* Reitt., Deutsche Ent.
   Zeit. 1890, p. 45 (= *volgensis* Kirsch).   Erzeroum.
pilifer Seidl.,Naturg. Ins. Deutschl. V, 2, pp. 249,264
   (subg. *Odontomophlus*).   Amasia.
pruinosus Reitt., Deutsche Ent. Zeit. 1890, p. 45.   Caucasus.
Rosinœ Seidl., Naturg. Ins. Deutschl. V, 2, pp. 241,
   263 (subg. *Odontomophlus*).   Spain.
rufitarsis Leske, Reise durch Sachsen, p. 15, t. A,
   f. 4 (1785) (*Cistela*).
       amerinœ Curtis, Gemm. et Harold, Cat. VII,
       p. 2053.
rugipennis Seidl., Naturg.Ins. Deutschl.V,2,pp.254,
   265.   Caucasus.
somcheticus Seidl., l. c. pp. 257, 265.   Id.
subalpinus Ménétr., Cat. Rais., p. 204(*Cistela*); Seidl.,
   Naturg. Ins. Deutschl. V, 2, p. 260.   Caucasus, etc.
sulcipleuris Seidl., Naturg. Ins. Deutschl. V, 2,
   pp. 244, 263 (subg. *Odontomophlus*).   Crete.
tarsalis Kirsch, var. *latitarsis* Reitt., Deutsche Ent.
   Zeit. 1890, p. 41 (= *ochraceipennis* Fald.).   Caucasus.
terminatus Fairm., Ann. Soc. Ent. Fr. 1884, p. 171.   Akbès.
tibialis Reitt., Deutsche Ent. Zeit. 1890, p. 46.   Syria.
tumidipes Reitt., Deutsche Ent. Zeit. 1890, p. 47;
   Seidl., Naturg. Ins. Deutschl. V, 2, p. 244.   Caucasus.

Nesotaurus
Fairmaire, Ann. Soc. Ent. Belg. XL, p. 354 (1896).
sericans Fairm., l. c. p. 355.   Madagascar.

Megischia.
curvimana Reitt., Deutsche Ent. Zeit. 1890, p. 40.   Cyprus.
curvipes Brullé, var. *prosternalis* Reitt., l. c. p. 40.   S. W. Europe.

Brachycryptus
Quedenfeldt, Ent. Nachr. XVII, p. 129 (1891).
tripolitanus Quedenf., l. c. p. 130.   Tripoli.

Erxias
Champion, Biol. Centr.-Am., Col. IV, 1, p. 460 (1888).
bicolor Champ., l. c. p. 460.   Panama.
violaceipennis Champ., l. c. p. 460, t. 21, ff. 5, 5*a*,5*b*.   Nicaragua.

Prostenus Latr.

amplicollis Fairm., Compt. rend. Soc. Ent. Belg.
    1889, p. XLVII.   Minas Geraes.
angusticornis Fairm., l. c. p. XLVII.   Id.
brevicornis Fairm., l. c. p. XLVII.   Id.
cyaneus Fairm., l. c. p. XLVII, nota.   Brazil.
iocerus Pasc., Ann. and Mag. Nat. Hist. (5) IX, p. 36.   Amazons.
laminicornis Fairm., Compt. rend. Soc. Ent. Belg.
    1889, p. XLV.   Cayenne.
lugubris Pasc., Ann. and Mag. Nat. Hist. (5) IX, p. 37.   Monte Video.
militaris Pasc., l. c. p. 35; Aid ident. Ins. II, t. 129,
    f. 7.   Amazons.
nitens Pasc., l. c. p. 36.   Id.
nodicornis Fairm., Compt. rend. Soc. Ent. Belg.
    1889, p. XLVI.   Minas Geraes.
panamensis Champ., Biol. Centr.-Am.. Col. IV, 1,
    p. 461, t. 21, f. 6.   Panama.
parilis Pasc., Ann. and Mag. Nat. Hist. (5) IX, p. 36.   Amazons.
Sipolisi Fairm., Compt. rend. Soc. Ent. Belg. 1889,
    p. XLIV.   Minas Geraes.
violaceipennis Fairm., l. c. p. XLIV.   Id.

Lystronychus Latr.

Championi Horn, Proc. Calif. Acad. Sci. (2) IV,
    p. 433.   Lower California.
Delauneyi Fleut. et Sallé, Ann. Soc. Ent. Fr. 1889,
    p. 428 *(Anœdus)*.   Guadeloupe I.
denticollis Mäkl., Act. Soc. Fenn. X, p. 675   Colombia.
Guerini Mäkl., l. c. p. 670.   Bolivia.
hirsutus Mäkl., l. c. p. 674.   Brazil.
hirtellus Mäkl., l. c. p. 673.   Id.
latipennis Mäkl., l. c. p. 675.   Id.
metallicus Mäkl., l. c. p. 672.   Id.
piliferus Champ., Biol. Centr.-Am., Col. IV, 1,
    p. 462, t. 21, f. 7.   Centr. America, etc.
purpureipennis Champ., l. c. p. 463, t. 21, f. 8.   Guatemala.
rufonotatus Champ., Trans. Ent. Soc. Lond. 1896,
    p. 35.   St-Vincent.
scalaris Mäkl., Act. Soc. Fenn. X, p. 670.   Colombia.
scapularis Champ., Biol. Centr.-Am., Col. IV, 1,
    p. 463, t. 21, f. 9.   Centr. America.
sexsignatus Mäkl., Act. Soc. Fenn. X, p. 671.   ? Venezuela.
tuberculifer Champ., Trans. Ent. Soc. Lond. 1896,
    p. 34.   Grenada I.

Xystropus Solier.

albovittatus Fairm., Ann. Soc. Ent. Fr. 1892, p. 95. Venezuela.
breviusculus Mäkl., Act. Soc. Fenn. X, p. 678. Brazil.
fallax Mäkl., l. c. p. 677 ; Champ., Biol. Centr. Am.,
  Col. IV, 1, p. 464, t. 21, f. 11. Colombia.
fascicularis Fairm., Ann. Soc. Ent. Fr. 1892, p. 94. Venezuela.
fulgidus Mäkl., Act. Soc. Fenn. X, p. 680; Champ.,
  Biol. Centr.-Am., Col. IV, 1, p. 464, t, 21, f. 10
  (= *californicus* Horn). Colombia.
gossypiatus Fairm., Ann. Soc. Ent. Fr. 1892, p. 95. Venezuela.
griseostriatus Fairm., Compt. rend. Soc. Ent. Belg.
  1889, p. XLVIII. Brazil.
griseovittatus Fairm., l. c. p. XLVIII. Minas Geraes.
laniger Mäkl., Act. Soc. Fenn. X, p. 680. Brazil.
Lebasi Mäkl., l. c. p. 679; Champ., Biol. Centr.-Am.,
  Col. IV, 1, p. 465, t. 21, f. 12. Colombia.
nigropictus Kirsch, Berl. Ent. Zeit. 1886, p. 339. Id.
pilosus (Dej. Cat.) Kirsch, Berl. Ent. Zeit. 1873,
  p. 408; Mäkl., Act. Soc. Fenn. X, p. 676. Cayenne and Peru.

Eucaliga Fairm. et Germain.

pallidicollis Fairm., Ann. Soc. Ent. Fr. 1875, p. 200;
  1876, p. 383. Chili.

Cteisa Solier.

pedinoides (Dej. in litt.) Mäkl., Act. Soc. Fenn. X, p. 681 ;
  Champ., Biol. Centr.-Am., Col. IV, 1, p. 465, t. 21,
  f. 13. Colombia.

INDEX

---

*The new generic names are printed in roman type, the others
(including new synonyms) in italics.*

	Pages		Pages
Æanes	162	Diopœnus	161
Ægialites	147	Dioxycula	152
Æthyssius	147	Ectatocera	150
Alcmeonis	148	Ectenostoma	150
Alethia	156	Erxias	175
Allecula	152	*Eucaliga*	177
Alleculopsis	155	*Gasthræma*	172
Alogista	150	*Gerandryus*	163
Amaropsis	162	*Gonodera*	163
Amorphopoda	150	Heliosthræma	172
Anaxo	148	*Heliotaurus*	172
Andrimus	169	Hemicistela	157
Anthracula	156	Homoropsis	166
Apalmia	152	*Homotrysis*	158
Apellatus	149	*Hybrenia*	158
Atractus	147	*Hymenalia*	163
Balassogloa	171	*Hymenorus*	159
Barycistela	157	Hypocistela	171
Blepusa	150	Iophon	158
Bolbostetha	156	Ismarus	148
Brachycryptus	175	*Isomira*	165
Bratyna	149	Labetis	169
Buxela	159	*Licymnius*	148
Caristela	155	*Lisa*	158
Caulostena	166	Lobopoda	150
Charisius	156	*Lystronychus*	176
Chromomœa	148	*Megischia*	175
Cistela	163	Menes	162
Cistelina	170	Menœceus	161
Cisteloida	162	*Metistete*	148
Cistelomorpha	168	*Mycetochara*	166
Cistelopsis	166	Mycetocharina	155
Copistethus	163	*Mycetophila*	166
Cleisa	177	Narses	157
Cteniopinus	171	Nesotaurus	175
Cteniopus	171	Netopha	156
Cylindrothorus	147	Nocar	157

	Pages		Pages
Nypsius	158	Pseudocistela	157
Odontomophlus	173	*Pseudocistela*	163
Omedes	149	Psilonycha	150
Omolepta	150	*Pterna*	166
Omophlina	170	Scaletomerus	157
Omophlus	173	Stenerula	152
Othelecta	147	*Steneryx*	171
Otys	157	Synallecula	156
Parablops	163	Synatractus	147
Phedius	162	*Tanychilus*	149
Pitholaus	162	Taxes	157
Podonta	169	Tedinus	162
Podontinus	170	Telesicles	162
Polyidus	161	Temnes	149
Prionychus	163	Theatetes	161
Proctenius	171	Xylochus	149
Prostenus	176	*Xystropus*	177

<table>
<tr><td></td><td></td><td>Fr.</td><td>c.</td></tr>
<tr><td>PUTZEYS. — Description de Carabides nouveaux de la Nouvelle-Grenade</td><td></td><td>1</td><td>»</td></tr>
<tr><td>— Relevé des Cicindélides et Carabiques recueillis en Portugal par C. Van Volxem</td><td></td><td>»</td><td>75</td></tr>
<tr><td>— Genre Gynandropus</td><td></td><td>»</td><td>75</td></tr>
<tr><td>— Description de deux espèces nouvelles de Carabiques</td><td></td><td>»</td><td>25</td></tr>
<tr><td>— On two new species of Geodephagous Coleoptera from Sumatra</td><td></td><td>»</td><td>25</td></tr>
<tr><td>— Monographie des Amara de l'Europe et des pays voisins</td><td></td><td>2</td><td>50</td></tr>
<tr><td>— Note sur les Carabiques recueillis par M. J. Van Volxem</td><td></td><td>»</td><td>50</td></tr>
<tr><td>LEDERER. — Contributions à la Faune des Lépidoptères de la Transcaucasie</td><td></td><td>3</td><td>50</td></tr>
<tr><td>PREUDHOMME DE BORRE. — Note sur le Byrsax (Boletophagus) gibbifer Wesm.</td><td></td><td>»</td><td>20</td></tr>
<tr><td>DE CHAUDOIR. — Essai monographique sur le groupe des Pogonides</td><td></td><td>1</td><td>50</td></tr>
<tr><td>— Essai monographique sur les Orthogoniens</td><td></td><td>1</td><td>50</td></tr>
<tr><td>— Essai sur les Drimostomides et les Cratocérides</td><td></td><td>1</td><td>50</td></tr>
<tr><td>— Monographie des Callidides</td><td></td><td>3</td><td>»</td></tr>
<tr><td>— Mémoire sur les Thyréoptérides et les Coptodérides</td><td></td><td>5</td><td>»</td></tr>
<tr><td>Comptes rendus des séances de la Société entomologique de Belgique. Diverses années</td><td></td><td>5</td><td>»</td></tr>
<tr><td>Catalogue de la Bibliothèque de la Société (en publication), chaque fascicule</td><td></td><td>»</td><td>50</td></tr>
<tr><td>La collection des fascicules parus</td><td></td><td>5</td><td>»</td></tr>
</table>

AVIS

ANNALES DE LA SOCIÉTÉ ENTOMOLOGIQUE DE BELGIQUE

Le prix des tomes I à VII des ANNALES a été fixé à *cinq francs*, celui des tomes VIII à XIV à *dix francs*, celui des tomes XV à XX à *quinze francs*, celui des tomes XXI à XL à *dix-huit francs* (sauf le tome XXIV, dont le prix est de *quatorze francs*).

Le prix de la TABLE GÉNÉRALE des tomes I à XXX des ANNALES est fixé à *trois francs*.

Le prix de la COLLECTION des tomes I à XXX des ANNALES avec la Table générale est fixé à *deux cent cinquante francs*.

MÉMOIRES DE LA SOCIÉTÉ ENTOMOLOGIQUE DE BELGIQUE

Tome I. — *Catalogue synonymique des Buprestides décrits de 1758 à 1890*, par CH. KERREMANS. — Prix : 10 fr.

Tome II. — *Die Melolonthiden der palaearctischen und orientalischen Region im Königlichen Naturhistorischen Museum zu Brüssel*, von E. BRENSKE. — Prix : 3 fr.

Tome III. — *A list of Tenebrionidae supplementary to the « Munich » Catalogue*, by G.-C. CHAMPION. — Prix : fr. 7.50.

Tome IV. — *Revision des Dytiscidae et Gyrinidae d'Afrique, Madagascar et iles voisines*, par le Dr RÉGIMBART. — Prix : fr. 7.50.

Tome V. — *Ichneumonides d'Afrique*, par le Dr TOSQUINET. — Prix : 15 fr.

Les membres de la Société désirant obtenir les volumes antérieurs à l'année de leur réception, jouissent d'une réduction d'un tiers de la valeur.

www.ingramcontent.com/pod-product-compliance
Lightning Source LLC
LaVergne TN
LVHW021444170726
843501LV00005B/1496